Digitale Abbilder in Produktionssystemen – Eine Anwendung in der Intralogistik der Flachbaugruppenfertigung

Von der Fakultät für Ingenieurwissenschaften

der Universität Bayreuth

zur Erlangung der Würde eines

Doktor-Ingenieur (Dr.-Ing.)

genehmigte Dissertation

von

Dipl.-Ing. Univ. Thomas Hans-Joachim Uhlemann

aus

Lauf a.d. Pegnitz

Erstgutachter:	Prof. Dr.-Ing. Frank Döpper
Zweitgutachter:	Prof. Dr.-Ing. Alexander Sauer
Tag der mündlichen Prüfung:	10.03.2022

Lehrstuhl Umweltgerechte Produktionstechnik
Universität Bayreuth
2022

PRODUKTION.BESSER.MACHEN.

Thomas H.-J. Uhlemann

Digitale Abbilder in Produktionssystemen – Eine Anwendung in der Intralogistik der Flachbaugruppenfertigung

Herausgeber:
Prof. Dr.-Ing. Frank Döpper

Band 4

UNIVERSITÄT BAYREUTH

Bibliografische Information der Deutschen Nationalbibliothek
Die Deutsche Nationalbibliothek verzeichnet diese Publikation in der Deutschen Nationalbibliografie; detaillierte bibliografische Daten sind im Internet über https://portal.dnb.de abrufbar.

Thomas H.-J. Uhlemann:

Digitale Abbilder in Produktionssystemen – Eine Anwendung in der Intralogistik der Flachbaugruppenfertigung

1. Auflage, 2022

Gedruckt auf holz- und säurefreiem Papier, 100% chlorfrei gebleicht.

Apprimus Verlag, Aachen, 2022
Wissenschaftsverlag des Instituts für Industriekommunikation und Fachmedien
an der RWTH Aachen
Steinbachstr. 25, 52074 Aachen
Internet: www.apprimus-verlag.de, E-Mail: info@apprimus-verlag.de

Druck: CPI Druckdienstleistungen GmbH | Ferdinand-Jühlke-Straße 7 | 99095 Erfurt

ISBN 978-3-98555-067-8

Vorwort

Die Digitalisierung stellt einen der größten Umbrüche der letzten Jahrzehnte dar. Sie beeinflusst die Art wie wir einkaufen, Kultur erleben, kommunizieren und zusammenarbeiten. Auch im Bereich der industriellen Produktion hat die Digitalisierung einen signifikanten Einfluss auf die Art und Weise, wie Wertschöpfung betrieben wird und somit auf Investitionsentscheidungen für die zukünftige Ausrichtung von Unternehmen. Die Unsicherheit bei der Bewertung von neuen, digitalen Technologien und Methoden stellt Unternehmen vor große Herausforderungen.

Die vorliegende Arbeit entstand während meiner Tätigkeit als wissenschaftlicher Mitarbeiter am Lehrstuhl Umweltgerechte Produktionstechnik der Universität Bayreuth und der Fraunhofer-Projektgruppe Prozessinnovation des Fraunhofer-Instituts für Produktionstechnik und Automatisierung. Fragestellungen zur Auswirkung der Digitalisierung auf die Produktion von heute und morgen haben während dieser Zeit in Forschung und Beratung immer mehr an Gewicht gewonnen und führten zum Thema dieser Arbeit.

Meinem Doktorvater, Herrn Prof. Dr.-Ing. Frank Döpper, Ordinarius des Lehrstuhls Umweltgerechte Produktionstechnik und Leiter der Fraunhofer-Projektgruppe Prozessinnovation möchte ich an dieser Stelle in besonderer Weise für die Betreuung dieser Arbeit, die wertvollen Impulse und die unzähligen Gespräche über produktionstechnische Fragestellungen danken. Prof. Dr.-Ing. Alexander Sauer danke ich für die Übernahme des Koreferats.

Meinen ehemaligen Kollegen, wissenschaftlichen Hilfskräften und Abschlussarbeitern danke ich für den stets wertvollen, fachlichen Austausch und die gemeinsame Bearbeitung von Forschungs- und Industrieprojekten. Besonders möchte ich Christoph Schock für seine Anregungen und Kritik danken.

Abschließend möchte ich meiner Familie für ihre Unterstützung und Geduld danken, insbesondere meiner Frau, die wohl nun mehr über Digitalisierung in der Produktion weiß, als ihr lieb sein dürfte.

Berlin, im März 2022 Thomas H.-J. Uhlemann

Inhalt

1 Einleitung

1.1 Motivation

„Produktionssysteme auf Basis von Industrie 4.0 sollten kundenindividuelle Produkte in Losgröße 1 mit hoher konstruktiver Differenzierung und zu niedrigsten Kosten, also möglichst vollautomatisiert, fertigen können. Durchlaufzeiten und Rüstaufwände sollten minimal, die Produktqualität möglichst hoch und der Ausschuss vernachlässigbar sein. [...] Genau diese Forderungen können moderne Fertigungssysteme für elektronische Baugruppen bereits seit geraumer Zeit vollumfänglich erfüllen.“ [BOG17]S.655

Diese Feststellung in einem Beitrag in *Reinharts Handbuch Industrie 4.0* [REI17] formuliert in prägnanten Worten die Erwartungen an Produktionssysteme im Zeitalter der Digitalisierung. Darüber hinaus wird aufgezeigt, dass die Elektronikindustrie, genauer die Fertigung elektronischer Baugruppen, die Anforderungen bereits erfüllt. Diese Rahmenbedingungen ermöglichen, auf Basis der hervorragenden Datenlage die Auswirkungen der Nutzung Digitaler Abbilder in verschiedenen Integrationsgraden zu bewerten.

1.2 Zielsetzung und Abgrenzung

Zielsetzung

Ziel der Arbeit ist es, die Auswirkungen der Nutzung von Digitalen Abbildern[1] als Folge von Digitalisierungsmaßnahmen in bestehenden Produktionssystemen der elektronischen Flachbaugruppenfertigung zu simulieren und zu bewerten. Die untersuchten Digitalisierungsmaßnahmen umfassen die Nutzung des Digitalen Abbilds des Produkts beim Kommissionieren sowie die Nutzung des Digitalen Abbilds von SMD-Gebinden in der Bestandsführung. Insbesondere die Wechselwirkung mit Automatisierungsmaßnahmen in der Intralogistik steht hierbei im Fokus.

Für die Einführung und Umsetzung von Digitalisierungsmaßnahmen stellen die ex ante bestehenden Unklarheiten über deren wirtschaftlichen Nutzen die größte initiale Hürde dar.[2] Gleichzeitig sind Investitionen im Zusammenhang mit Digitalisierungsmaßnahmen ungeachtet des bestehenden Potentials zur Produktivitätssteigerung[3] derzeit nur schwer durch institutionelle Geldgeber abzudecken [LIC15] S.62 ff. Um die Investitionssicherheit zu erhöhen, wird im Rahmen der vorliegenden Arbeit ein Verfahren entwickelt, das in der

[1] In der Arbeit werden unter dem Begriff *Digitales Abbild* Digitale Modelle, Digitale Schatten und Digitale Zwillinge subsummiert. Dies resultiert aus der noch nicht abgeschlossenen Definition, siehe Kapitel 2.4
[2] [LIC15] S. 57: 76,8 % der befragten Unternehmen geben an, dass die Unklarheit über den wirtschaftlichen Nutzen ein Hemmnis bei der Umsetzung von Digitalisierungsmaßnahmen darstellt
[3] [BUN14] S. 36: erwartete durchschnittliche Steigerung der Bruttowertschöpfung durch Industrie 4.0 bis 2025 über sechs Branchen von 23%

Lage ist, die Auswirkungen verbesserter Datenerhebung und -nutzung vor deren Implementierung anhand eines Kennzahlensystems zu bewerten.

Der Fokus liegt hierbei auf der SMT [4]- Flachbaugruppenfertigung[5] der Elektronikindustrie. Sie zeichnet sich durch die Besonderheit aus, dass eine, gegenüber anderen Produktionssystemen, stärkere Vernetzung und Automatisierung der Produktionszellen besteht [BOG17] S. 659. Somit erlaubt die vorhandene Datengrundlage eine Analyse weitergehender Datennutzung in an die Produktionszelle angrenzenden Bereichen, ohne einen Mehraufwand in der Datenerhebung zu generieren.

Die FBG-Fertigung ist vor allem im EMS[6] -Bereich durch eine hohe Varianz bei stark unterschiedlichen Losgrößen geprägt. Hinzu kommt die Tatsache, dass pro gefertigter FBG vergleichsweise viele unterschiedliche Bauteile von kleiner Dimension verbaut werden. [HAM02] S.10 ff.

Damit geht einher, dass größere SMD-Gebinde mit Bauteilen mehrfach ein- und ausgelagert werden, um unterschiedliche Varianten zu fertigen, wodurch die Anzahl der Materialver- und entsorgungsvorgänge[7] ansteigt und durch nicht erfasste Mehrverbräuche die Materialbestände zunehmend ungenau werden. Für die Bewertung der Auswirkungen der Nutzung Digitaler Abbilder auf das Produktionssystem mit seinen Produktions- und Logistikkennzahlen sind die entscheidenden Supportprozesse, Bestandsführung und MVE, zu beleuchten. [8]

Die Arbeit entwickelt deswegen ein Verfahren zur Bewertung der Auswirkung von Digitalen Abbildern auf Produktionszellen und Produktionssysteme. Die untersuchten Technologien schließen erstens die analoge Lücke bei der Bestandsführung von SMT-Bauteilen[9] und verkürzen zweitens die Zeit zwischen Bedarfsauslösung und dem Abschluss der MVE- Prozesse durch das Nutzen des Digitalen Abbilds des zu produzierenden Produkts. Der Begriff der analogen Lücke bezeichnet dabei einen Vorgang, der im bestehenden Produktionssystem nicht informationstechnisch erfasst wird.

Hierbei werden unterschiedliche Integrationstiefen der Digitalen Abbilder untersucht, um zu analysieren, an welchen Stellen und in welcher Intensität die Nutzung Digitaler Abbilder einen Hebel für Optimierungen bietet.

Abgrenzung

Um die in Kapitel 1.2 beschriebene Zielsetzung zu erreichen und weiter zu konkretisieren, erfolgt nachstehend die Eingrenzung des inhaltlichen Betrachtungsrahmens anhand von elf Merkmalen (Tabelle 1). Diese Eingrenzung dient dazu, den anschließenden Stand der Erkenntnisse zielgerichtet zu gestalten und die spätere Anwendbarkeit herauszustellen.

[4] Surface Mount Technology; THT: Through Hole Technology
[5] Flachbaugruppe: FBG
[6] Electronic Manufacturing Services
[7] Unter Materialversorgung wird die Materialbereitstellung vor dem Rüsten, unter Materialentsorgung die Einlagerung mit ihren Teilprozessen verstanden; Materialver- und entsorgung wird im Folgenden als MVE bezeichnet
[8] Unterscheidung von Kern- und Supportprozessen folgt der Definition von *Becker* [BEC12] S.7
[9] Erzeugung eines Digitalen Abbilds der SMD-Gebinde

Die wissenschaftliche Abgrenzung erfolgt am Ende des Kapitels 2 (Stand der Erkenntnisse) anhand einer Analyse aktueller Forschungsansätze und Publikationen im Kontext Digitaler Abbilder in der Produktion. Hierbei wird auf vier Merkmale eingegangen, die Digitale Abbilder im industriellen Kontext charakterisieren. Somit ist am Ende des Kapitels 2 die Arbeit sowohl in ihrem Betrachtungsrahmen, als auch in ihrem zugrundeliegenden wissenschaftlichen Kontext definiert und eingeordnet.

Tabelle 1: Abgrenzung des Betrachtungsrahmens

<table>
<tr><th colspan="13">Fokussierung Betrachtungsraum</th></tr>
<tr><td>Branche</td><td colspan="2">Kraftfahrzeugbau</td><td colspan="2">Elektronikindustrie</td><td colspan="2">Maschinen-bau</td><td colspan="2">Chemieindustrie</td><td colspan="2">Bauindustrie</td><td colspan="2">Luft- und Raumfahrt</td></tr>
<tr><td>Systemgrenze</td><td colspan="2">F&E</td><td colspan="2">Beschaffung</td><td colspan="2">Produktion</td><td colspan="2">Intralogistik</td><td colspan="2">Extralogistik</td><td colspan="2">Vertrieb</td></tr>
<tr><td>Produktart</td><td colspan="6">Fließgüter</td><td colspan="6">Stückgüter</td></tr>
<tr><td>Fertigungsart</td><td colspan="4">Massenfertigung</td><td colspan="4">Serienfertigung</td><td colspan="4">Einzelfertigung</td></tr>
<tr><td>Bestückungstechnik</td><td colspan="6">THT</td><td colspan="6">SMT</td></tr>
<tr><th colspan="13">Ziele, Maßnahmen und Wirkung</th></tr>
<tr><td>Zieldimensionen</td><td colspan="3">DLZ-Minimierung</td><td colspan="3">Terminabweichungsminimierung</td><td colspan="3">Auslastungsmaximierung</td><td colspan="3">Bestandsminimierung</td></tr>
<tr><td>Maßnahmenfokus</td><td colspan="6">Organisatorisch</td><td colspan="6">Technisch</td></tr>
<tr><td>Hebel der Digitalen Transformation</td><td colspan="3">Digitale Daten</td><td colspan="3">Automatisierung</td><td colspan="3">Vernetzung</td><td colspan="3">Digitaler Kundenzugang</td></tr>
<tr><td>Wirkungsfokus</td><td colspan="4">Verfügbarkeit</td><td colspan="4">Effektivität</td><td colspan="4">Qualität</td></tr>
<tr><td>Wirkung der untersuchten Maßnahmen</td><td colspan="6">Umsatzseitig</td><td colspan="6">Effizienzseitig</td></tr>
</table>

Branche

Im Fokus der Betrachtung steht die Elektronikbranche. Durch die stark vernetzten Produktionsprozesse lassen sich die Auswirkungen von Digitalisierungs- und Automatisierungsmaßnahmen in den Supportprozessen auf die Gesamtleistung des Produktionssystems gut untersuchen und bewerten. Aufgrund der stark vernetzten SMT-Flachbaugruppenfertigung ist die Datenlage in der Produktion sehr gut. Die Verwendung dieser Daten zur Optimierung leistungsbeeinflussender Supportprozesse soll in dieser Arbeit untersucht werden.

Systemgrenze

Die Arbeit beschränkt sich auf die Betrachtung von intralogistischen Prozessen und Produktionsprozessen. Das Verfahren bewertet die Auswirkung von Maßnahmen zur Optimierung von Intralogistikprozessen auf die Leistung der Produktionsprozesse. Optimierungen an den Produktionsprozessen selbst sind nicht Gegenstand der Arbeit.

Produktart

Es wird die Produktion von Stückgütern, die SMT-Flachbaugruppenfertigung, betrachtet.

Fertigungsart

Es wird die Fertigungsart der Serienfertigung nach der Definition von *Jodlbauer* betrachtet. Demnach wird als Serienfertigung die Produktion von gleichen oder ähnlichen Produkten in Losen verstanden. Beim Wechsel des Produkts ist die Serienfertigung durch das Auftreten von Rüstzeiten etc. gekennzeichnet. Die Komplexität und Anforderungen an die Intralogistik ist somit im Vergleich zu einer Massenfertigung höher. [JOD08] S.12

Fertigungspfad

Es sind sequentielle, divergente, konvergente und rekursive Fertigungspfade zu unterscheiden. Die betrachtete SMT-Flachbaugruppenfertigung ist den sequentiellen Fertigungspfaden zuzuordnen. Einzelne Produktionsschritte werden streng chronologisch nacheinander vorgenommen. [JOD08] S.5 [DYC10] S. 22

Maßnahmenfokus

Der Fokus der untersuchten Maßnahmen zur Produktivitätssteigerung ist organisatorischer und technischer Natur. Es werden die Einflüsse von Technologien zur Bestandsführung (Bauteilzähler) und zur MVE (automatisiertes Lagersystem) modelliert und unterschiedlich tiefe organisatorische Implementierungen gegenübergestellt, um die Effekte zunehmender Integrationsgrade zu bewerten. Hierbei kommen zwei Digitale Abbilder innerhalb des Produktionssystems zum Einsatz. Einerseits entsteht durch eine fortlaufende Bestandsführung ein Digitales Abbild der SMD[10]-Gebinde, andererseits wird das Digitale Abbild der produzierten FBG zur Kommissionierung genutzt.

[10] Surface Mount Device

Wirkungsfokus

Die Eingrenzung des Wirkungsfokus folgt der Definition der Overall Equipment Effectiveness (OEE), die sich aus den Komponenten Verfügbarkeit, Effektivität und Qualitätsrate berechnet. [VDM09]S.19

Der Fokus der Arbeit liegt auf der Bewertung der Veränderung der Verfügbarkeit durch das Nutzen Digitaler Abbilder. Die erzeugte Qualität wird mit 100% Gutteilen angenommen, da „[...] der First Pass Yield [...] deutlich über 99% [beträgt]." [BOG17]S.656. Darüber hinaus kann so der Effekt der Digitalen Abbilder isoliert untersucht werden. Ebenso wird das Verhältnis zwischen Planzeiten und Ist- Zeiten bei der Berechnung der Effektivität als 1 vorausgesetzt, da Steigerungen bzw. Minderungen der Produktionsleistung nicht Gegenstand der Untersuchung sind.

Zieldimensionen

Es werden zwei von vier Dimensionen des Zielsystems der Produktion gemäß VDI-Richtlinie 3633 Blatt 1 adressiert: Auslastungsmaximierung sowie Durchlaufzeitminimierung. [VDI14] S.9

Die Beeinflussung wird mit Kennzahlen gemessen, die in Kapitel 3.1 zu einem Kennzahlensystem zusammengefasst werden. Da in der Eingrenzung des Betrachtungsrahmens die Systemgrenze bei Produktion und Intralogistik gezogen wird, finden die Zieldimensionen Terminabweichungsminimierung und Bestandsminimierung keine Beachtung. [VDI14] S.9

Bestückungstechnik

Der Fokus der Arbeit liegt auf der heute dominierenden SMT-Flachbaugruppenfertigung mit ihren Spezifika. Nicht betrachtet wird die THT Fertigung.[11] Ebenfalls werden händische Bestückungen, Lotdruck und Reflowlöten innerhalb der SMT-Flachbaugruppenfertigung nicht betrachtet. Dies liegt darin begründet, dass der datentechnisch nicht erfasste Materialmehrverbrauch vor allem im Rahmen der Rüstvorgänge anfällt und ein Materialmangel zu einem Stillstand der kompletten SMT-Linie führt. (siehe Kapitel 5)

Wirkung der untersuchten Maßnahmen

Der Nutzen von Digitalisierungstechnologien wirkt sich sowohl auf das eigene Produktionssystem (effizienzseitig) als auch auf das Produkt (umsatzseitig) aus. [MCK15] S.16; [BAU14] S.31 ff.

Befragungen zeigen, dass die Motivation und der Nutzen von datenbasierten Lösungen vor allem in der eigenen Produktion gesehen werden. Nach *Koch* sehen 80% der befragten Unternehmen qualitative Vorteile von Technologien der Industrie 4.0 bei einer besseren Planung und Steuerung in Produktion und Logistik, wohingegen lediglich 46% angeben, einen hohen Effekt beim Anbieten individualisierter Produkte zu sehen. [KOC14] S.21

[11] Durch den Einzug der SMT hat die THT in der Elektronikfertigung an Bedeutung verloren [RÖS11]S. 3

Zu einem ähnlichen Ergebnis kommt *Bauernhansl* bei einer Befragung von 526 Unternehmen, die den Mehrwert der Nutzung von Daten aus der Produktion zu 27,6 % im eigenen Produktionssystem sehen. Lediglich 12,9 % geben an, einen Nutzen in der Produktentwicklung zu sehen. [BAU16] S.38

Die vorliegende Arbeit betrachtet ausschließlich effizienzseitige Auswirkungen von datenbasierten Technologien im Produktionssystem.

Hebel der Digitalen Transformation

In der Studie *Die Digitale Transformation in der Industrie* im Auftrag des BDI[12] werden vier Hebel der Digitalen Transformation[13] identifiziert, von denen drei im Fokus der Arbeit stehen. 1) Digitale Daten: die Nutzung des Digitalen Abbilds der FBG und des SMD-Gebindes in MVE-Prozessen 2) Vernetzung: das Zusammenspiel von Systemen zur Bestandsführung, Lagerhaltung, Kommissionierung und dem Produktionssystem und 3) Automatisierung: das physische Verbinden der Komponenten zur Bestandsführung, Lagerhaltung und Kommissionierung sowie die Automatisierung des Ein- und Auslagerungsvorgangs. Nicht betrachtet wird der Digitale Kundenzugang.

1.3 Aufbau der Arbeit

Um die in Kapitel 1 vorgestellten Ziele zu erreichen, wird der nachfolgend skizzierte Lösungsweg eingeschlagen.

In **Kapitel 1** folgt nach einer einleitenden Beschreibung zur Motivation der Arbeit (1.1) eine Erläuterung des Ziels sowie die Abgrenzung des Betrachtungsrahmens (1.2).

In **Kapitel 2** wird auf den für die Arbeit relevanten Stand der Erkenntnisse zu den Themenkomplexen Produktion und Logistik (Kapitel 2.1), Elektronikproduktion (Kapitel 2.2), Simulation in Produktion und Logistik (Kapitel 2.3) und Digitale Abbilder im industriellen Kontext (Kapitel 2.4) eingegangen. Es werden die für die Arbeit relevanten Begrifflichkeiten eingeführt. Die Schwerpunkte werden hierbei folgendermaßen gelegt:

Produktion und Logistik

Nach der Vorstellung des Stuttgarter Unternehmensmodells, das den begrifflichen Rahmen der Arbeit bildet, folgt eine Erläuterung der betrachteten Intralogistik- und Produktionsprozesse anhand des Stuttgarter Unternehmensmodells. Anschließend wird auf die verwendeten Normen zur Kennzahlbildung in den Bereichen Produktion und Logistik eingegangen.

Elektronikproduktion

[12] Bundesverband der Deutschen Industrie e.V

[13] Digitale Daten, Automatisierung, Vernetzung und Digitaler Kundenzugang [ROL15] S. 20

Nach einer Erläuterung der Aufbauhierarchie von elektronischen Geräten sowie der Aufbauvarianten von bestückten Leiterplatten werden die zwei vorherrschenden Bestückungstechnologien vorgestellt.

Simulation in Produktion und Logistik

Dieses Kapitel stellt die Grundlagen zur Systemanalyse und –beschreibung durch Modelle dar. Hierbei wird insbesondere auf die Anwendung von Simulationsmodellen in Produktion und Logistik eingegangen. Simulationen werden in Forschung und Praxis zunehmend eingesetzt, um komplexe Produktionssysteme zu analysieren und anschließend zu optimieren. Nach einer allgemeinen Einführung wird auf die ereignisdiskrete und agentenbasierte Simulation eingegangen und die Unterschiede herausgearbeitet. Es wird herausgestellt, weshalb in dieser Arbeit die ereignisdiskrete Simulation bevorzugt wird.

Digitale Abbilder im industriellen Umfeld

Das Thema der Digitalen Abbilder im industriellen Umfeld erfährt seit einigen Jahren ein verstärktes Interesse in Wissenschaft und Industrie. Nach einem kurzen historischen Abriss zur Herkunft des Konzepts wird auf aktuelle Publikationen eingegangen, um die derzeitige Forschung zu Digitalen Abbildern zu analysieren und einzuordnen. Sodann wird die betrachtete Forschungslücke herausgearbeitet.

In **Kapitel 3** wird das Verfahren zur Bewertung der Auswirkung des Nutzens Digitaler Abbilder in der SMT-Flachbaugruppenfertigung vorgestellt. Hierbei werden die bei der MVE beleuchteten Parameter definiert und die betrachteten Faktoren bei der Bestandsführung aufgezeigt. Anschließend wird ein Kennzahlensystem eingeführt, anhand dessen Szenarien analysiert und bewertet werden. Das Kennzahlensystem beinhaltet neben gängigen Produktions- und Logistikkennzahlen zur Beschreibung der Effekte der Digitalen Abbilder ebenso Kennzahlen zur Beschreibung der Leistungsfähigkeit der Digitalen Abbilder bei verschiedenen Integrationsgraden. In der Arbeit wird Wert darauf gelegt, die Effekte und Leistungsfähigkeit der Digitalen Abbilder möglichst signifikant darzustellen, was durch die Nutzung von sechs wesentlichen Kennzahlen[14] erreicht wird. Abschließend wird die erwartete Entwicklung der Kennzahlen bei verschiedenen Integrationsgraden aufgezeigt. Diese Zusammenhänge werden in Kapitel 5 im Zuge der Verifikation und Validierung erneut herangezogen.

Kapitel 4 widmet sich dem Aufbau des Simulationsmodells, um die vorher beschriebenen Parameter hinsichtlich ihrer Auswirkung auf die definierten Kennzahlen analysieren zu können. Das Vorgehen orientiert sich an der VDI Richtlinie 3633 Blatt 1 [VDI14]. Zunächst werden die unterschiedlichen Integrationsgrade der Digitalen Abbilder definiert und erläutert, wie diese im Simulationswerkzeug umgesetzt werden, insbesondere welche Attribute in der Simulation parametrisiert werden. Anschließend werden sechs Szenarien definiert, um die Kombinationen der MVE und Bestandsführung zu untersuchen. Eine

[14] Zwei Produktionskennzahlen, zwei Logistikkennzahlen, zwei Kennzahlen zur Bewertung der Leistungsfähigkeit der Digitalen Abbilder

Veranschaulichung der Szenarien erfolgt anhand von Prozessflüssen, Zeitstrahlen und einer übersichtlichen Darstellung der Veränderung der definierten Parameter.

Kapitel 5 widmet sich der Verifikation und Validierung des Modells sowie der industriellen Erprobung anhand realer Produktions- und Intralogistikdaten eines mittelständischen EMS-Unternehmens. Nach einer Beschreibung der analysierten Daten erfolgt eine Verifikation und Validierung des Modells. Nach dem Aufzeigen des Ist-Zustandes werden anschließend die in Kapitel 4 vorgestellten Szenarien mit realen Daten simuliert und die Auswirkung auf das definierte Kennzahlensystem ermittelt. Hierbei treten Szenarien mit bereits implementierten Automatisierungslösungen und Szenarien ohne Automatisierungslösungen auf, um den Mehrwert des Heranziehens Digitaler Abbilder isoliert und in Kombination mit Automatisierung aufzuzeigen. Abschließend werden die Ergebnisse gegenübergestellt und hinsichtlich ihres Nutzens diskutiert.

Zum Abschluss der Arbeit erfolgt in **Kapitel 6** eine Zusammenfassung sowie ein Ausblick auf zukünftige Forschungsaktivitäten in diesem Bereich.

2 Stand der Erkenntnisse

2.1 Produktion und Logistik

2.1.1 Stuttgarter Unternehmensmodell

Unter einem System ist eine „von ihrer Umwelt abgegrenzte Menge von Elementen, die miteinander in Beziehung stehen“ zu verstehen [VDI14] S.4. Als Produktionssystem wird ein Input-Throughput-Output System bezeichnet, das unter Einsatz von Roh-, Hilfs- und Betriebsstoffen sowie Energie und Mitarbeiterstunden Produkte erzeugt. Dies geschieht unter der Abgabe von Nebenprodukten und Emissionen. [DYC10]S. 12, [KLE14]S.10, [WES06]S.65

Um den Begriff des Produktionssystems schärfer abzugrenzen und vor allem seine Einbettung in umgebende Systeme besser hervorzuheben, wird der Begriff nachfolgend anhand des Stuttgarter Unternehmensmodells [15] erläutert. In Abbildung 1 wird hierbei bereits verdeutlicht, welche Bereiche Gegenstand der vorliegen Arbeit sind.

Produktionsnetzwerk

„Als ein Produktionsnetzwerk wird die Gesamtheit der an der Herstellung eines Produktes beteiligten Werke und Fabriken verstanden“ [WES06] S.55. Somit umfasst ein Produktionsnetzwerk nach dem Stuttgarter Unternehmensmodell alle Teilbereiche der Wertschöpfungskette inklusive Zulieferer und Logistik innerhalb des Netzwerks bis hin zur Auslieferung des Kundenauftrags.

Produktionsstandort

Unter einem Produktionsstandort versteht man die lokalen Standorte mit Produktionsprozessen. Ein Produktionsstandort umfasst neben den reinen Produktionsprozessen auch die Peripherie, die die Umsetzung der Produktionsprozesse ermöglicht. [WES06] S. 56

Produktionssegmente

Als Produktionssegmente werden die eigenständigen Bereiche eines Produktionsstandortes bezeichnet. Die Unterscheidung von Produktionssegmenten kann hierbei anhand von Technologien, Produktgruppen und Funktionen für die Produktion erfolgen [WES06] S. 56 f.

Im Rahmen dieser Arbeit wird die Elektronikfertigung nach Technologien unterteilt. Hierbei wird zwischen THT- und SMT-Flachbaugruppenfertigung unterschieden. Im Fokus steht dabei ein Produktionssystem innerhalb der SMT-Flachbaugruppenfertigung.

[15] Vgl. dazu [WES06] S.51; [WES09b]S. 61

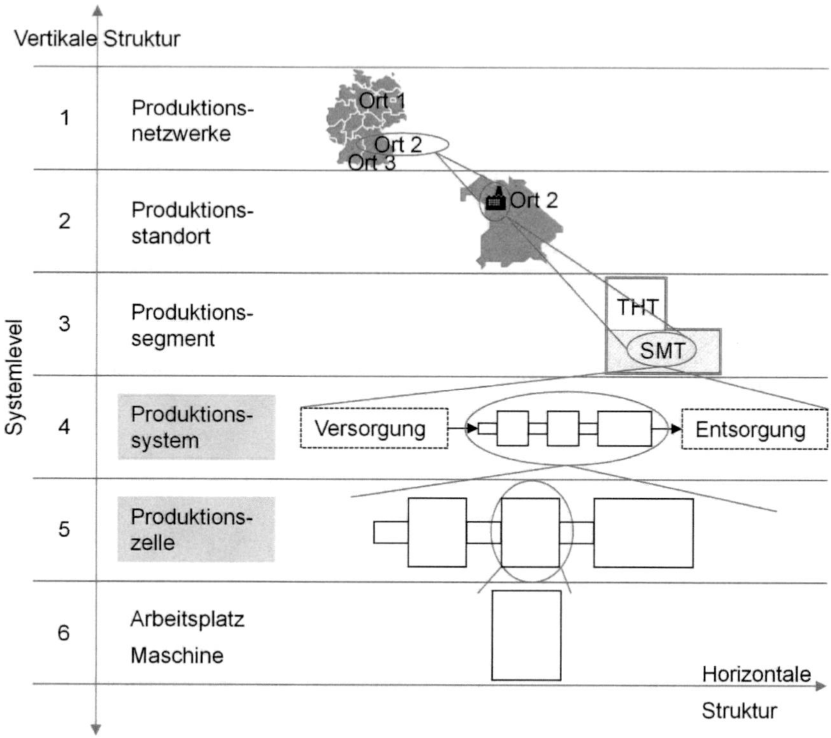

Abbildung 1: Eigene Abbildung in Anlehnung an [WES06] S. 56 und [WES09b] S. 61; (SMT: Surface Mount Technology; THT: Through Hole Technology)

Produktionssystem

Produktionssysteme, auch als Fertigungs- und Montagesysteme bezeichnet, „[...] umfassen sowohl die Maschinen und Anlagen als auch die Ver- und Entsorgungssysteme" [WES06] S. 57. Sie zeichnen sich durch ein eigenes Leitsystem aus und sind zumeist miteinander verkettet. In dieser Arbeit stehen Produktionssysteme im Fokus, speziell die in der Elektronikproduktion relevanten MVE-Prozesse. Bei der Versorgung wird die Materialbereitstellung in automatisierter und für die Rüstung der Maschinen optimaler Reihenfolge auf Basis der Eigenschaften der gefertigten FBG beleuchtet. Klassischerweise werden die SMD Gebinde lediglich nach der Stückliste der FBG und nicht nach der Rüstreihenfolge bereitgestellt.
Die Entsorgung umfasst hier den Prozess der Rücklagerung angebrochener SMD-Gebinde. Konventionell wird rückgelagert ohne die informationstechnisch nicht erfassten Bauteilverluste[16] zu beachten, was zu Ungenauigkeiten im Bestand führt. Bei einer hohen Anzahl von Rüstvorgängen steigt die Notwendigkeit einer fortlaufenden Bestandsführung (vgl. Kapitel 1.2). Dies führt zu dem Effekt, dass der Entsorgungsprozess direkten

[16] Der Bauteilverbrauch durch die Fertigung der FBG ist durch die Stücklisten vorgegeben

Einfluss auf den Versorgungsprozess hat und somit die Produktionszelle maßgeblich beeinflusst.

Produktionszelle

Eine Produktionszelle sind die „[...] zu einer lokalen Einheit zusammengefasste[n] [...] Maschinen und Arbeitsplätze“ [WES06] S.57.

In dieser Arbeit umfasst eine Produktionszelle in der SMT-Flachbaugruppenfertigung einen Lotpastendrucker, vier sequentiell angeordnete Bestückautomaten, einen Reflowofen sowie ggf. einen Handbestückplatz, wobei ausschließlich die Bestückautomaten[17] im Folgenden untersucht werden. An dieser Konfiguration werden keine Veränderungen vorgenommen, ebenso bleibt das Produktionsprogramm in seinem Umfang unberührt. Durch die starre Verkettung der Maschinen führt der Stillstand eines Bestückautomaten[18] zu einem Stillstand der gesamten Produktionszelle.

Maschine und Arbeitsplatz

Maschinen sind die nicht weiter zerlegbaren Untereinheiten der Produktionszellen [WES06] S. 57. In dieser Arbeit werden ausschließlich die Bestückautomaten betrachtet, deren Hauptnutzzeit[19] von den MVE-Prozessen abhängt. Optimierungen an Maschinen und internen Rüstvorgängen sind nicht Teil der Untersuchung.

2.1.2 Logistikprozesse

Als Logistikprozesse werden, wie in Abbildung 2 dargestellt, die Prozesse betrachtet, die im Produktionssystem in den Teilbereichen Versorgung und Entsorgung der Produktionszelle stattfinden. Hierunter werden ausschließlich MVE-Prozesse verstanden.

Die Definition folgt der VDI-Richtlinie 4400 Blatt 2, genauer der Definition des Hauptprozesses innerbetrieblicher Transport. Dieser umfasst Ein- und Auslagervorgänge inklusive der notwendigen Buchungen sowie den Transport von Zugangsmaterial, Halbfertigerzeugnissen und Erzeugnissen. [VDI04] S.4

[17] In der Definition des Stuttgarter Unternehmensmodells Maschinen
[18] Kein Material verfügbar, Rüsten etc.
[19] und in Konsequenz durch die Verkettung auch die Hauptnutzzeit der Produktionszelle

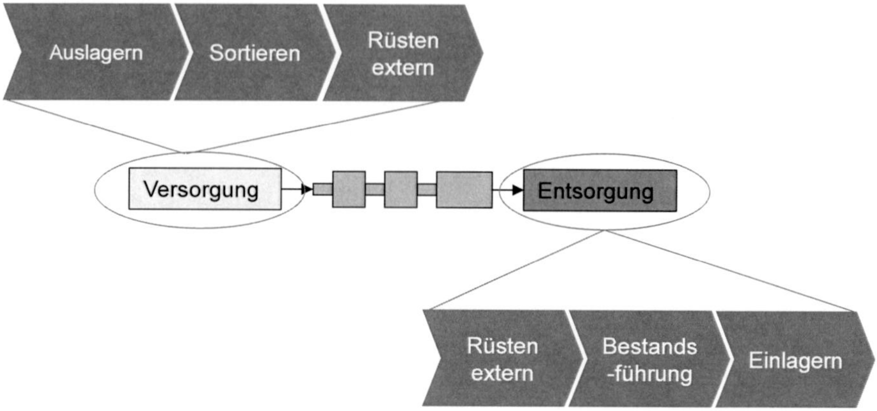

Abbildung 2: Einordnung der Logistikprozesse im Produktionssystem

In der vorliegenden Arbeit werden externe[20] Rüstprozesse der MVE zugeschlagen. Dies ermöglicht getrennte Kennzahlen für interne und externe Rüstvorgänge zu bilden. Der Prozess Auslagern enthält die Buchung beim Auslagern bei gleichzeitiger Kommissionierung, da in der betrachteten SMT-Flachbaugruppenfertigung im EMS Bereich stets produktspezifisch ausgelagert wird. Dem Prozess Einlagern, der die notwendige Buchung enthält, ist der Prozess der Bestandsführung vorgeschaltet. Es wird das Einlagern nicht verbrauchter SMD-Gebinde (Zugangsmaterialien) betrachtet. Die fortlaufende Bestandsführung ist die Voraussetzung zur Realisierung eines Digitalen Abbilds der SMD-Gebinde. Die Prozesse des Auslagerns, Sortierens, Bestandsführung und Einlagerns werden durch den Einsatz des Digitalen Abbilds der gefertigten FBG sowie des Digitalen Abbilds des SMD-Gebindes beeinflusst.

2.1.3 Produktionsprozesse

Als Produktionsprozesse werden die Prozesse bezeichnet, die im Produktionssystem im Teilbereich der Produktionszelle stattfinden, siehe Abbildung 3.

Gemäß 2.1.1 werden ausschließlich die Bestückautomaten mit ihren Teilprozessen des internen[21] Rüstens, Bestückens und internen Abrüstens betrachtet. Die untersuchten Maßnahmen beeinflussen diese Prozesse nicht direkt (z.B. technische Ausfallzeit, Rüstzeitoptimierung), gleichwohl kann die zeitliche Ausdehnung der Prozesse und die Ausbringungsmenge pro Zeit aufgrund der Leistung der MVE-Prozesse verändert werden. Darauf liegt der Fokus der vorliegenden Arbeit.

[20] „Darunter werden Rüsttätigkeiten verstanden, die auch bei laufender Maschine durchgeführt werden können" [SIH16]S.193, in der Arbeit sind Rüstprozesse der Produktion vor- und nachgelagerte Prozesse, auch Abrüstprozesse genannt

[21] „Darunter werden Rüsttätigkeiten verstanden, die ausschließlich bei stillstehender Maschine durchgeführt werden können" [SIH16]S.93

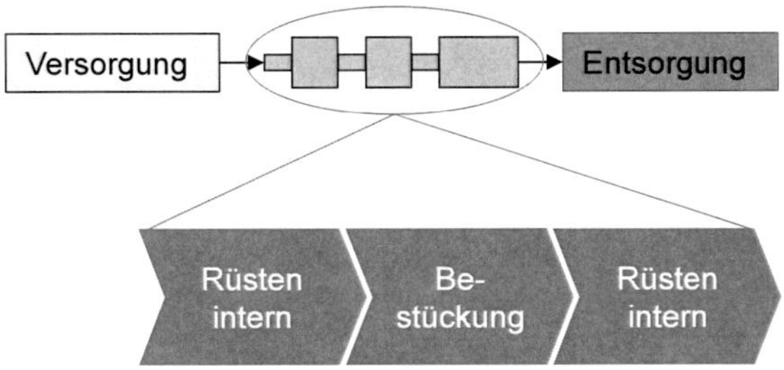

Abbildung 3: Einordnung der Produktionsprozesse im Produktionssystem

2.1.4 Kennzahlen nach VDI-Richtlinie 4400 Blatt 2 (Logistik)

Die Bewertung der Effizienz der Intralogistik (das heißt deren Messobjekt[22] das Produktionssystem[23] ist) wird anhand der VDI-Richtlinie 4400 Blatt 2 vorgenommen. Die Richtlinie unterscheidet zwischen Leistungskennzahlen, Kostenkennzahlen und Strukturkennzahlen, um ein möglichst umfassendes Bild der Produktionslogistik zu erhalten. [VDI04]

Nachfolgend (siehe Abbildung 4) werden zur Bewertung des Nutzens Digitaler Abbilder mögliche Kennzahlen beschrieben[24]. Zur Anwendung kommt in Kapitel 3 (Konzeption des Verfahrens zur Bewertung der Auswirkungen Digitaler Abbilder in der Elektronikproduktion) ein Teil der im Folgenden beschriebenen Kennzahlen, um eine Beschreibung der Effekte Digitaler Abbilder zu erreichen. Da Kostenkennzahlen in der Arbeit an keiner Stelle herangezogen werden, wird dieser Teil der VDI- Richtlinie 4400 Blatt 2 in diesem Kapitel nicht behandelt.

[22] „Träger einer Messgröße" [DIN95]S.3. Die Messgröße ist diejenige „[...]Größe, der die Messung gilt" [DIN95]S.2. Als Größe wird ein „Merkmal [...] bezeichnet, für das zu je zwei Merkmalswerten ein Verhältnis gebildet werden kann, das eine reelle Zahl ist." [DIN98]S.2. Diese Größe kann verschiedene Größenwerte annehmen [DIN98]S.2

[23] v.a. die MVE-Prozesse

[24] Es kommt die Notation gemäß der Norm zum Einsatz, in Kapitel 3.1 werden die eingeführten Abkürzungen verwendet

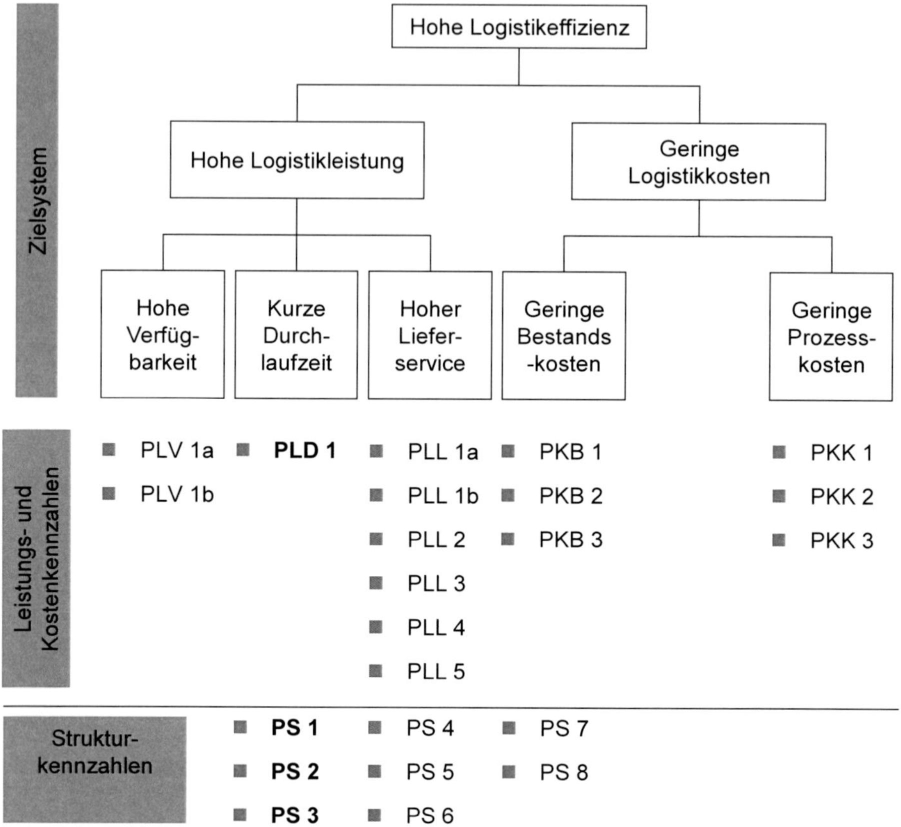

Abbildung 4: Kennzahlensystem Produktionslogistik [VDI04] S.6

Nachfolgend werden die Logistikkennzahlen der VDI-Richtlinie 4400 eingeführt. Tabelle 2 und Tabelle 3 enthalten die Nummer der Kennzahl, die Bezeichnung der Kennzahl sowie das Ziel der Kennzahl [VDI04]S.7. Für die Arbeit herangezogene Kennzahlen[25] werden in den Tabellen grau hinterlegt. Die Beschreibungen zu den Kennzahlen sind der VDI-Richtlinie 4400 Blatt 2 entnommen [VDI04]. Die Anwendung der Kennzahlen auf das Verfahren zur Bewertung des Nutzens des Digitalen Abbilds in der SMT-Flachbaugruppenfertigung erfolgt in Kapitel 3.1.

[25] Die ausgewählten Kennzahlen besitzen eine Sensitivität für die gewählten Parametervariationen, siehe Kapitel 3.1

2.1.4.1 Leistungskennzahlen

Tabelle 2: Beschriebene Leistungskennzahlen in der Produktionslogistik [VDI04] S. 17-33; die grau hinterlegten Kennzahlen dienen der späteren Bewertung der Szenarien

Nummer der Kennzahl	Bezeichnung der Kennzahl	Ziel
PLV 1a	Verfügbarkeit zum Planstarttermin	Hohe Verfügbarkeit
PLV 1b	Einhaltung Mindestbestand Zugangsmaterial	Hohe Verfügbarkeit
PLD 1	Mittlerer Durchführungszeitanteil	Kurze Durchlaufzeit
PLL 1a	Liefertreue	Hoher Lieferservice
PLL 1b	Einhaltung Lagerbandbreite	Hoher Lieferservice
PLL 2	Liefertermintreue	Hoher Lieferservice
PLL 3	Liefermengentreue	Hoher Lieferservice
PLL 4	Mittlere Lieferterminabweichung	Hoher Lieferservice
PLL 5	Standardabweichung Lieferterminabweichung	Hoher Lieferservice

PLD 1

$$\frac{\sum_{i=1}^{n} Durchführungszeit_i}{\sum_{i=1}^{n} Durchlaufzeit_i} * 100\ in\ \% \qquad (2\text{-}1)$$

n bezeichnet hierbei die Anzahl der Produktionsaufträge.

„Der *Mittlere Durchführungszeitanteil* ist der Prozentsatz der mindestens für die Bearbeitung eines Produktionsauftrages benötigten Zeit an der tatsächlichen für die Bearbeitung eines Produktionsauftrages benötigten Zeit.

Die *Durchführungszeit*[26] ist die Zeit, die laut Arbeitsplan für die Bearbeitung eines Auftrages benötigt wird. Transport- und organisationsbedingte Liegezeiten sind in der Durchführungszeit nicht enthalten. Bei einer nichtüberlappten Fertigung, das heißt bei Fertigstellung der gesamten Produktionsauftragsmenge an einem Arbeitssystem mit anschließendem Transport der gesamten Produktionsauftragsmenge zum nächsten Arbeitssystem, ergibt sich die Durchführungszeit aus der Summe der Rüst- und Bearbeitungszeiten der einzelnen Arbeitsgänge. Bei einer überlappten Fertigung mit dem Transport von Teilmengen zwischen den Arbeitssystemen ist die Durchführungszeit unter Berücksichtigung der im Arbeitsplan üblicherweise vorhandenen Überlappungsfaktoren zu ermitteln.

Die *Durchlaufzeit*[27] ist die Zeit in Betriebskalendertagen, die ein Produktionsauftrag von der Auslagerung des ersten Materials für den Produktionsauftrag bis zur Endemeldung

[26] DFZ
[27] DLZ

des letzten Arbeitsganges tatsächlich benötigt. Die Durchlaufzeit setzt sich aus Übergangszeiten (Transportzeiten, Liegen vor und nach der Bearbeitung) und Durchführungszeiten (Rüstzeiten und Bearbeitungszeiten) zusammen.

Anzahl Produktionsaufträge sind alle im Betrachtungszeitraum abgeschlossenen Produktionsaufträge des Untersuchungsobjektes.“ [VDI04] S.21

2.1.4.2 Strukturkennzahlen

Tabelle 3: Strukturkennzahlen in der Produktionslogistik [VDI04] S. 49-63; die grau hinterlegten Kennzahlen dienen der späteren Bewertung der Szenarien

Nummer der Kennzahl	Bezeichnung der Kennzahl	Ziel
PS 1	Anzahl der Zugangsmaterialien je Erzeugnis	-
PS 2	Anzahl Zugangsmaterialien	-
PS 3	Anzahl Erzeugnisse	-
PS 4	Mittlere Durchführungszeit	-
PS 5	Rüstzeitanteil	-
PS 6	Anzahl der Arbeitssystemwechsel je Produktionsauftrag	-
PS 7	Logistikflächenanteil	-
PS 8	Mittlere Anzahl fertiggemeldeter Produktionsaufträge je Betriebskalendertage	-

PS 1

$$\frac{\sum_{i=1}^{n} Zugangsmaterialien\ Erzeugnis_i}{n} \quad (2\text{-}2)$$

n bezeichnet hierbei die Anzahl der Erzeugnisse und entspricht PS 3.

„*Anzahl Zugangsmaterialien je Erzeugnis* ist die durchschnittliche Anzahl der Zugangsmaterialien (unterschiedlicher Artikelnummern), die in ein Erzeugnis eingehen.

Zugangsmaterialien Erzeugnis$_i$ ist die Anzahl der Zugangsmaterialien (unterschiedlicher Artikelnummern) für das Erzeugnis i.

Anzahl Erzeugnisse sind alle Erzeugnisse (unterschiedliche Artikelnummern) des Untersuchungsobjektes.“ [VDI04] S.49

PS 2

„Die Kennzahl Anzahl Zugangsmaterialien ist ein Maß des Planungsaufwandes zur Disposition der Zugangsmaterialien des Untersuchungsobjektes.“ [VDI04]S.51. Sie beschreibt „[...] die Anzahl unterschiedlicher Artikelnummern, die dem Untersuchungsobjekt zugehen.“ [VDI04]S.51

Das Untersuchungsobjekt stellt hierbei das Produktionssystem dar, PS 2 die Anzahl der Zugangsmaterialen, die im Produktionssystem verarbeitet werden.

PS 3

„Die Kennzahl Anzahl Erzeugnisse ermöglicht es, Größe und Komplexität des Untersuchungsobjektes zu beurteilen und ist ein Maß des Aufwandes zur Planung und Steuerung der im Untersuchungsobjekt produzierten Produkte.“ [VDI04]S.53. Sie beschreibt „[...] die Anzahl unterschiedlicher Artikelnummern des Untersuchungsobjektes.“ [VDI04]S.53

Im Gegensatz zu PS 2 misst PS 3 die Anzahl unterschiedlicher erzeugter Produkte des Untersuchungsobjekts Produktionssystem.

2.1.5 Kennzahlen nach VDMA 66412-1 (Produktion und Logistik)

Die Messung der Produktionskennzahlen (das heißt Kennzahlen, deren Messobjekt die Produktionszelle ist) folgt den Definitionen der VDMA 66412-1. Diese unterscheidet zwischen drei Zeitmodellen[28] und den dazugehörigen Kennzahlen. Nachfolgend finden die Zeitmodelle für Produktionseinheiten und Fertigungsaufträge weitere Beachtung, da aus ihnen ausgewählte Elemente in das spätere Kennzahlensystem einfließen. Das Zeitmodell für Mitarbeitereinsatz fließt in die Arbeit nicht mit ein. [VDM09]

Besondere Beachtung in diesem Kapitel findet die Overall Equipment Effectiveness (OEE). Durch ihre Bekanntheit und ihren Nutzen in allen Branchen ist sie geeignet, die Eingrenzung des Betrachtungsrahmens und somit der genutzten Kennzahlen allgemeinverständlich darzustellen.

2.1.5.1 Zeitmodell für Produktionseinheiten

Als Produktionseinheit wird „[...] eine Maschine, ein Arbeitsplatz oder eine Gruppe [...][,] eine Linie oder ein Werk [...]“ [VDM09] S.12 definiert. Das Zeitmodell (siehe Abbildung 5) bildet den Rahmen zur Bewertung der Leistung der Produktionseinheiten. In der Nomenklatur des Stuttgarter Unternehmensmodells werden in dieser Arbeit Produktionszellen als Produktionseinheiten verstanden und mit einer Auswahl der folgenden Kennzahlen bewertet. In der Arbeit finden ausschließlich Ist-Zeiten Anwendung und werden zur Bildung von Kennzahlen herangezogen. Zum besseren

[28] Zeitmodell für Produktionseinheiten; Zeitmodell für Fertigungsaufträge; Zeitmodell für Mitarbeitereinsatz [VDM09]S. 9 ff.

Verständnis des Zeitmodells werden nachfolgend dennoch die Definitionen der Planzeiten aus der Norm aufgeführt.

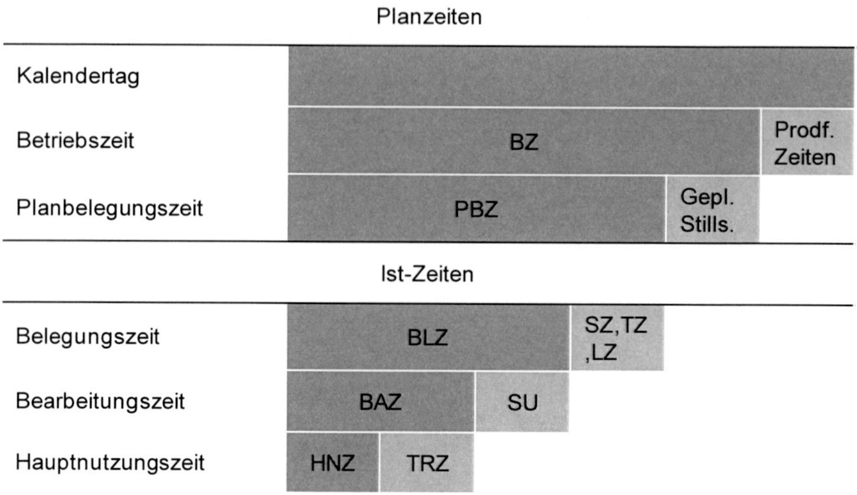

Abbildung 5: Zeitmodell für Produktionseinheiten(BZ: Betriebszeit; PBZ: Planbelegungszeit; BLZ: Belegungszeit; SZ: Stillstandszeit; TZ: Transportzeit; LZ: Liegezeit; BAZ: Bearbeitungszeit; SU: störungsbedingte Unterbrechungen; HNZ: Hauptnutzungszeit; TRZ: tatsächliche Rüstzeit) [VDM09] S.9

Kalendertag

„Der Kalendertag (24 h) ist die maximal für die Produktion täglich zur Verfügung stehende Zeit." [VDM09]S.7

Betriebszeit (BZ)

„Die Betriebszeit ist die Zeit, in der eine Produktionseinheit betrieblich und personell für die Produktion und Instandhaltung genutzt werden kann. Die Betriebszeit ist eine geplante Zeit." [VDM09]S.7

Planbelegungszeit (PBZ)

„Die Planbelegungszeit ist die Betriebszeit abzüglich der geplanten Stillstände (geplante Stillstandszeit). Die geplanten Stillstände können für geplante Wartungsarbeiten genutzt werden. Die Planbelegungszeit steht der Feinplanung für die Belegung von Maschinen mit Fertigungsaufträgen zur Verfügung." [VDM09]S.7

Belegungszeit (BLZ)

„Die Belegungszeit ist die Zeit[,] mit der eine Produktionseinheit für die Ausführung eines Auftrags belegt wird." [VDM09]S.8

Sie besteht aus der Planbelegungszeit abzüglich der Liegezeit (LZ), Transportzeit (TZ) und Stillstandszeit (SZ).[29]

Bearbeitungszeit (BAZ)

„Die Bearbeitungszeit ist die verwendete Zeit für das Rüsten und für die Hauptnutzung.“ [VDM09]S.8.

Sie errechnet sich aus der Differenz von Belegungszeit und störungsbedingten Unterbrechungen (SU), die „[...] Zeiten [beinhalten], die während der Auftragsbearbeitung ungeplant auftreten und dadurch ungewollt die Belegungszeiten verlängern.“

Die SU beinhalten in dieser Arbeit Unterbrechungen, die durch mangelnde Verfügbarkeit von Material an der Produktionszelle auftreten und zu einer nachträglichen Anforderung von Material führen. Die Zeit für die Anforderung des Materials bis zum Eintreffen an der Produktionszelle ist in den SU enthalten. Zusätzliche Rüstvorgänge, die aufgrund des soeben beschriebenen Sachverhalts auftreten, werden den tatsächlichen Rüstzeiten (TRZ) zugeschlagen.

Hauptnutzungszeit (HNZ)

„Die Hauptnutzungszeit ist die Zeit, in der die Maschine produziert. Sie beinhaltet nur die wertschöpfenden Prozesse.“ [VDM09]S.8

Sie berechnet sich aus der Differenz von Bearbeitungszeit und der TRZ. Die TRZ beschreibt „[...] die Zeit, die für die Vorbereitung eines Auftrages an einer Produktionseinheit aufgewendet wurde.“ [VDM09]S.8

In der Arbeit beinhaltet die TRZ die interne Rüstzeit, die initial und während der Fertigung durch notwendige Rüstvorgänge anfällt.

2.1.5.2 Zeitmodell für Fertigungsaufträge

Neben dem Zeitmodell für Produktionseinheiten definiert die VDMA 66412-1 ein Zeitmodell für Fertigungsaufträge (siehe Abbildung 6), das nachfolgend genauer erläutert wird. [VDM09]S.9

Bislang noch nicht erläuterte Zeiten werden hierbei beschrieben.

[29] Für Definition von LZ,TZ und SZ siehe [VDM09]S.8

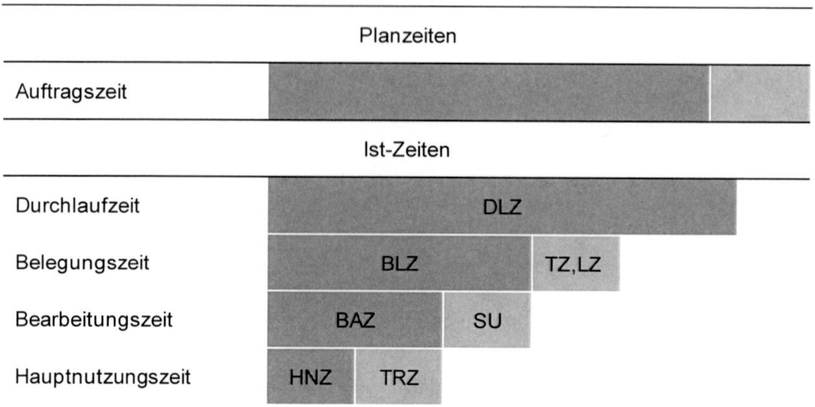

Abbildung 6: Zeitmodell für Fertigungsaufträge (DLZ: Durchlaufzeit; BLZ: Belegungszeit; TZ: Transportzeit; LZ: Liegezeit; BAZ: Bearbeitungszeit; SU: störungsbedingte Unterbrechungen; HNZ: Hauptnutzungszeit; TRZ: tatsächliche Rüstzeit) [VDM09]S.9 [30]

Auftragszeit (AZ)

„Die Auftragszeit ist die geplante Zeit zur Durchführung eines Fertigungsauftrags basierend auf den Arbeitsplandaten. Sie errechnet sich aus der Produktionszeit je Einheit multipliziert mit der Auftragsmenge zuzüglich der geplanten Rüstzeit." [VDM09]S.7

Durchlaufzeit (DLZ)

„Die Durchlaufzeit ist die Differenzzeit zwischen Auftragsstartzeit und Auftragsendezeit. Sie schließt die Belegungszeit sowie die Liege- und Transportzeit ein." [VDM09]S.8

Die Definition der DLZ ist konsistent mit der Definition in [VDI04].

2.1.5.3 Kennzahlen

In diesem Kapitel werden ausgehend von der OEE Kennzahlen der Norm beschrieben, die sich grundsätzlich dazu eignen, die Effekte Digitaler Abbilder zu bewerten. Die OEE berechnet sich wie folgt: [VDM09]S.19

OEE

$$OEE = Verfügbarkeit * Effektivität * Qualitätsrate \tag{2-3}$$

OEE: Overall Equipment Effectiveness

---

[30] Zur Vereinfachung ist bei der Belegungszeit nur ein Arbeitsgang aufgezeigt. Die Summe aller Arbeitsgänge bildet die Durchlaufzeit

Sie ist das Produkt aus der Verfügbarkeit, der Effektivität und der Qualitätsrate. [VDM09]S.19

Die Verfügbarkeit berechnet sich wie folgt:

$$Verfügbarkeit = \frac{HNZ}{PBZ} \tag{2-4}$$

HNZ: Hauptnutzungszeit; PBZ: Planbelegungszeit

Die Verfügbarkeit beschreibt das Verhältnis zwischen HNZ und PBZ. Sie zeigt somit auf, in welchem Maße die Kapazität der Maschine für wertschöpfende Arbeiten[31] verwendet wird. [VDM09]S.21

Die Effektivität berechnet sich wie folgt:

$$Effektivität = \frac{PEZ * PM}{HNZ} \tag{2-5}$$

PEZ: Produktionszeit je Einheit; PM: Produzierte Menge; HNZ: Hauptnutzungszeit

Hierbei steht PEZ für die Produktionszeit je Einheit und PM für die Produktionsmenge. [VDM09]S.36

Die Effektivität misst die Leistung eines Prozesses, indem Soll-Zeiten mit Ist-Zeiten verglichen werden. [VDM09]S.22

Die Qualitätsrate wird mit folgender Berechnung ermittelt:

$$Qualitätsrate = \frac{GM}{PM} \tag{2-6}$$

GM: Gutmenge; PM: Produzierte Menge

Hierbei bezeichnet GM die Gutmenge[32]. Sie wird in das Verhältnis zur produzierten Menge gestellt und erlaubt die Ausbeute eines Prozesses hinsichtlich der Qualität zu bewerten. [VDM09]S.23

Aufgrund der in Kapitel 1.2 vorgenommenen Eingrenzung fokussiert sich die vorliegende Arbeit auf die Verfügbarkeit. Um ein differenzierteres Bild zu erhalten, werden

[31] Dies beschriebt „[…]die Zeit, in der die Maschine [tatsächlich] produziert“ [VDM09]S.8
[32] [VDM09]S.36

nachfolgend weitere Kennzahlen der Norm vorgestellt, aus denen sich in Kapitel 3.1 das genutzte Kennzahlensystem zusammensetzt.

Nutzgrad

$$Nutzgrad = \frac{HNZ}{BLZ} \tag{2-7}$$

HNZ: Hauptnutzungszeit; BLZ: Belegungszeit

„Der Nutzgrad ist der Anteil der Hauptnutzungszeit an der gesamten Belegungszeit, damit also ein Maß für die Produktivität der Maschine. Da nur die Bearbeitungszeiten wertschöpfend sind und vom Markt vergütet werden, muss es für ein Unternehmen das Ziel sein, diesen Anteil zu optimieren.“ [VDM09]S.18

Der Nutzgrad ist eine wesentliche Kennzahl, um das Messobjekt der Produktionszelle zu bewerten.

Rüstgrad

$$Rüstgrad = RG = \frac{TRZ}{BAZ} \tag{2-8}$$

RG: Rüstgrad; TRZ: Tatsächliche Rüstzeit; BAZ: Bearbeitungszeit

„Der Rüstgrad ist ein Index für den Rüstanteil bezogen auf die Bearbeitungszeit an einer Maschine. Je größer der Wert wird, desto höher ist der Rüstanteil an der Zeit, an der ein Fertigungsauftrag an der Maschine angemeldet ist. Für ein Unternehmen bedeutet ein hoher Rüstgrad ein Verbrauch von wertvoller Zeit, die nicht im eigentlichen Sinne wertschöpfend ist.“ [VDM09] S. 24

Der Rüstgrad wird durch die Nutzung Digitaler Abbilder in dieser Arbeit direkt beeinflusst, da durch genaue Bestandsführung Rüstvorgänge während der Produktion verringert werden. Diese Kennzahl zielt auf das Messobjekt Produktionszelle.

Technischer Nutzgrad

$$technischer\ Nutzgrad = TN = \frac{HNZ}{HNZ + SU} \tag{2-9}$$

TN: technischer Nutzgrad; HNZ: Hauptnutzungszeit; SU: störungsbedingte Unterbrechungen

„Der technische Nutzgrad ist der Wirkungsgrad einer Maschine. Er ist das Verhältnis zwischen der Hauptnutzungszeit und der Hauptnutzungszeit incl. der störungsbedingten Unterbrechungen. […] Im Gegensatz zum Nutzgrad werden Rüstzeiten nicht berücksichtigt.“ [VDM09]S. 25

Die Kennzahl eignet sich besonders, um die Effekte der SU getrennt von den Rüstzeiten zu bewerten. Die Norm definiert SU als „[..] Zeiten, die während der Auftragsbearbeitung ungeplant auftreten und dadurch ungewollt die Belegungszeiten verlängern.“ [VDM09] S.8
In der Definition der Kennzahl wird darauf verwiesen, dass sie besonders maschinenbedingte Störungen berücksichtigt. [VDM09]S.25

Im Zuge dieser Arbeit werden hierunter auch ungeplante Stillstandszeiten subsumiert, die aus einer nicht vorhersehbaren und somit nicht geplanten Nichtverfügbarkeit von Material während des Produktionsvorgangs resultieren.

Durchsatz

$$Durchsatz = \frac{PM}{DLZ} \qquad (2\text{-}10)$$

PM: produzierte Menge; DLZ: Durchlaufzeit

„Der Durchsatz ist der Index für die Leistung eines Prozesses. Er gibt an, welche Menge je Zeiteinheit produziert wurde. Die Kennzahl gibt Aufschluss über den Grad der Effizienz der Fertigung.“ [VDM09]S.16

Der Durchsatz ist die einzige Kennzahl aus dieser Norm, die als Messobjekt das Produktionssystem hat, da die DLZ maßgeblich von der Leistung der MVE-Prozesse beeinflusst wird.

2.2 Elektronikproduktion

Bevor auf die zwei Haupttechnologien der modernen Elektronikproduktion, die SMT und die THT, eingegangen wird, wird die Aufbauhierarchie elektronischer Baugruppen aufgezeigt sowie die Aufbauvarianten elektronischer Baugruppen erläutert.

2.2.1 Aufbauhierarchie und Aufbauvarianten

Die Aufbauhierarchie (siehe Abbildung 7) elektronischer Geräte lässt sich in drei Ebenen unterteilen. Zunächst fließen Chips in der ersten Ebene in Chip on Board, Single Chip Packages[33] oder Multi Chip Packages[34] ein. Diese werden im Rahmen der Montageprozesse auf eine Flachbaugruppe (2. Ebene) aufgebracht und schlussendlich in ein Gerät (3. Ebene) montiert. [OPP03]S.305

[33] Es ist auch die Bezeichnung Single Chip Module gebräuchlich
[34] Es ist auch die Bezeichnung Multi Chip Module gebräuchlich

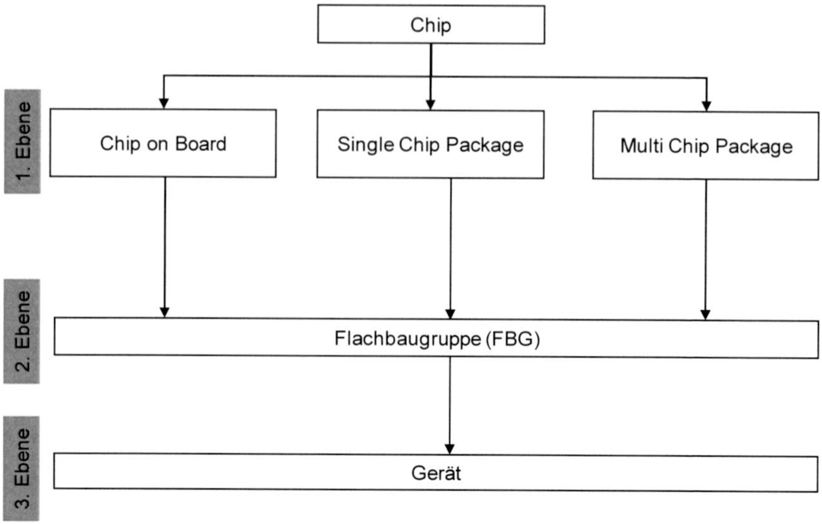

Abbildung 7: Aufbauhierarchie elektronischer Geräte in Anlehnung an [SAU03] S.305

Lediglich die Single Chip Packages und Multi Chip Packages werden durch SMT oder THT Montagen auf Substrat (starr oder flexibel) aufgebracht. [SCH99a] S.63

Ein Teil dieser Montagetätigkeiten, die SMT Fertigung, ist gemäß Kapitel 1.2 Gegenstand der Arbeit. Als Ergebnis der SMT und THT Fertigung liegen in der zweiten Ebene bestückte Leiterplatten, in diesem Fall Flachbaugruppen (FBG), vor. Die FBG werden anhand ihrer Aufbauvarianten in zwei Grundtypen unterteilt: FBG mit einseitiger Leiterplatte (Typ1) und FBG mit zweiseitiger Leiterplatte (Typ 2). [IPC04]S.3 ff.

Die Typen werden wiederum in verschiedene Klassen unterteilt. Die Arbeit betrachtet Leiterplatten beider Typen und aller Klassen. Eine genaue Analyse findet an dieser Stelle nicht statt, da lediglich die SMT Fertigungsschritte untersucht werden und die Datenbasis in Kapitel 5 ausschließlich die SMT Fertigung beinhaltet. Auf eine graphische Darstellung wird deshalb verzichtet und die Unterscheidungsmerkmale der Typen und Klassen (A bis C) in Tabelle 4 dargestellt.[35]

Tabelle 4: Typen und Klassen von Aufbauvarianten gemäß IPC-CM-770E (Auszug, Typ1A nicht empfohlen) [IPC04]S.3 ff.

Typ	Klasse	Merkmal
Typ1 ein-seitig	A	nur THT
	B	nur SMT
	C	THT und SMT
Typ 2 zwei-seitig	A	nur THT
	B	nur SMT
	C	THT und SMT

[35] Für weiterführende Informationen siehe [IPC04]

Nach der Erklärung der Aufbauhierarchie und Aufbauvarianten wird nun auf die zugrundeliegenden Bestückungstechnologien eingegangen.

2.2.2 Through Hole Technology (THT)

Die THT-Fertigung ist durch die Tatsache gekennzeichnet, dass sie eine Durchsteckmontage ist, d.h. die bedrahteten Bauelemente werden durch Löcher in den Leiterplatten geführt (siehe Abbildung 8) und anschließend verlötet bzw. durch eine rein mechanische Verbindung kontaktiert. [GEV07] S. l6; [SCH99a] S. 65

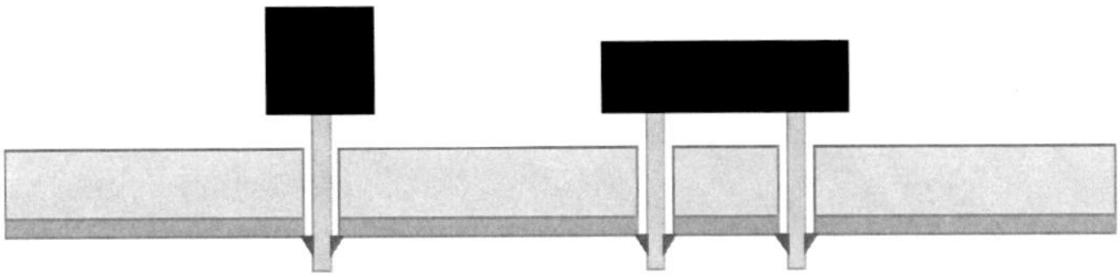

Abbildung 8: THT Bestückung auf einseitigem Verdrahtungsträger Typ 1A (in Anlehnung an [SCH99a]S.65)

Zwar können prinzipiell THT Bauelemente automatisiert bestückt werden, jedoch unterliegen sie aufgrund ihrer oftmals großen Bauhöhe und Masse sowie der teilweise begrenzten Lötbarkeit im Reflowofen starken Beschränkungen bei der Verarbeitung in SMT Linien. [PFE09] S. 87

In einer typischen Prozesskette wird nach der SMT Bestückung und dem Reflowlöten die THT Bestückung vorgenommen, deren Bauelemente anschließend im Wellenlöt- oder Selektivlötverfahren gelötet werden. [PFE09] S.84

Im Fokus der Arbeit stehen lediglich Bauteile, die auf einer SMT Linie verarbeitet werden können. Dabei ist es unerheblich, ob THT Bauelemente vorliegen, da dies im definierten Betrachtungsrahmen lediglich Einfluss auf die Verfahrgeschwindigkeiten hat und als Position mit verringerter Geschwindigkeit in die Prozesszeit eingeht. [36]

2.2.3 Surface Mount Technology (SMT)

Im Gegensatz zur THT Montage werden bei der SMT Montage die Bauelemente auf der Oberfläche der Leiterplatte montiert (siehe Abbildung 9). Diese Montageart eignet sich sehr gut für die automatisierte Bestückung. Ebenso ist eine zweiseitige Bestückung der Leiterplatte problemlos möglich. [SCH99a]S.67 ff.

[36] Bestückpositionen mit reduzierter Geschwindigkeit werden in den betrachteten Bestückprogrammen des Kapitels 5 berücksichtigt. Es müssen nicht zwingend THT Bauelemente sein

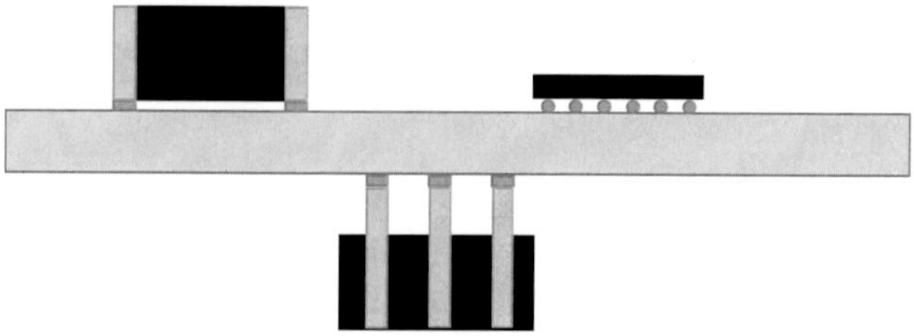

Abbildung 9: SMT Bestückung auf zweiseitiger Leiterplatte Typ 2B (in Anlehnung an [IPC04]S. 4)

Durch den Einzug der SMT hat die THT in der Elektronikfertigung an Bedeutung verloren. [RÖS11]S. 3

Der typische Prozessablauf einer automatisierten Bestückung des Typ 2B wird in Abbildung 10 aufgezeigt.

Die manuelle Bestückung von SMT Bauelementen soll hier außer Acht gelassen werden, da die automatisierte Bestückung bei der Arbeit im Fokus steht. Hier wird zwischen vier Bestückprinzipien unterschieden: Automatisch sequentielle Einzelbestückung (Pick and Place), automatische Sequentiell-/Simultanbestückung, automatische Simultanbestückung und Shooter mit Revolverköpfen[37]. Die Shooter mit Revolverköpfen werden ihrerseits unterteilt in Bestückkarussell mit feststehender Bauelementezuführung, Revolverkopf mit verfahrbarer Bauelementezuführung und Chip-Shooter mit horizontal drehbarem Revolverkopf (Collect and Place). [SCH99b]S. 93 ff.

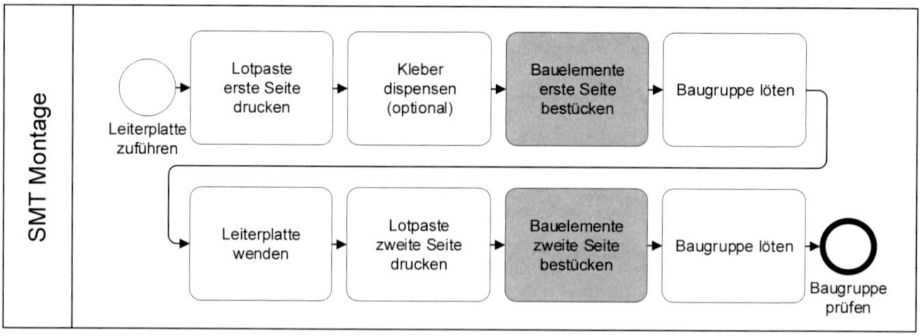

Abbildung 10: Prozessablauf SMT Flachbaugruppenfertigung in Anlehnung an [SCH99a]S. 71. Die grün gekennzeichneten Prozessschritte bilden den Fokus der Arbeit (Notation gemäß BPMN 2.0[38]; SMT: Surface Mount Technology)

An dieser Stelle soll nicht weiter auf die einzelnen Bestückprinzipien eingegangen werden, da dies für den in Kapitel 1.2 definierten Betrachtungsrahmen unerheblich ist und sich in den Prozesszeiten der untersuchten Bestückprogramme niederschlägt. Es sei lediglich erwähnt, dass es sich bei den untersuchten Produktionszellen um

[37] Ebenso kann eine Kombination aus Shooter und Pick and Place vorliegen [SCH99b]S.101

[38] Business Process Model and Notation; Siehe bspw. [FRE19]; [GAD15]; [ISO13]

Bestückautomaten mit fester Bauelementzuführung (Feeder) und den Bestückprinzipien Pick and Place sowie Collect and Place handelt. [39]

2.3 Simulation in Produktion und Logistik

Es erfolgt zu Beginn dieses Kapitels zunächst eine Einführung in die Simulation sowie Begriffsdefinitionen der verwendeten, simulationsspezifischen Termini. Anschließend wird auf zwei Simulationsansätze, die ereignisdiskrete Simulation (DES) sowie die agentenbasierte Simulation, eingegangen. Die Vorgehensweise bei einer Simulationsstudie richtet sich nach der VDI-Richtlinie 3633 Blatt 1[40] und fließt in die Gliederung der Arbeit ein.

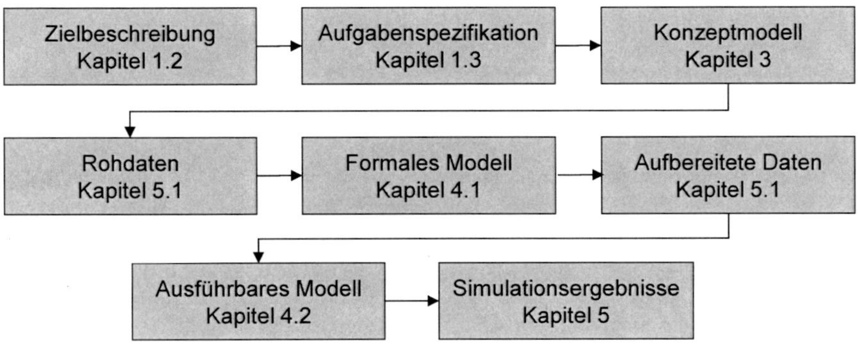

Abbildung 11: Auszug aus dem Ablauf einer Simulationsstudie gemäß [VDI14] S.19

2.3.1 Einführung in die Simulation und Begriffsdefinitionen

Die Simulation ist eine Möglichkeit, ein System auf seine Eigenschaften und sein Verhalten zu untersuchen. Um ein System zu charakterisieren ist es möglich, mit dem tatsächlichen System oder mit einem Modell dieses Systems zu experimentieren. Kommt das Experimentieren am tatsächlichen System[41] nicht in Frage, kann ein physikalisches[42] oder mathematisches Modell[43] des Systems zum Erkenntnisgewinn dienen. Im Bereich der mathematischen Modelle wird weiter zwischen solchen mit analytischen Lösungen und den Simulationen unterschieden. Je komplexer das System ist desto eher wird der Erkenntnisgewinn auf dem Wege der Simulation stattfinden, da bereits die

[39] Siehe [SIE00]; [SIE01b]; [SIE01a]; [SIE06].
[40] [VDI14]
[41] Kostengründe; starke Eingriffe in das System [LAW91]S.4 ff.
[42] Bspw. Tonmodelle im Windkanal [LAW91]S.4 ff.
[43] Durch die Vorgabe logischer Beziehungen; die Mehrheit der Modelle [LAW91]S.4 ff.

mathematischen Modelle komplexer Systeme selbst äußerst komplex werden können und sinnhafte analytische Lösungen ausschließen. [LAW91]S.4 ff.

Kuhn und Wenzel formulieren den Vorteil der Simulation gegenüber einer analytischen Lösung wie folgt: „Die Entwicklung der Zustandsfolgen in der Zeit stellt den methodischen Vorteil der Simulation im Vergleich zu mathematisch-analytischen Verfahren dar, weil auf diese Weise komplexe Sachzusammenhänge abgebildet werden können, bei denen mathematisch- analytische Methoden an ihre Grenzen stoßen." [KUH08]S.74

Diese Zusammenhänge und die Ableitung der verschiedenen Herangehensweisen bei der Analyse von Systemen werden abschließend in Abbildung 12 verdeutlicht.

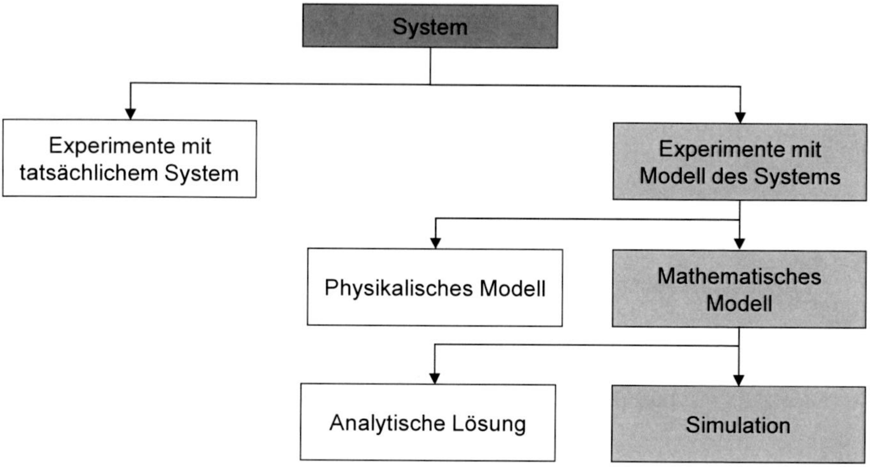

Abbildung 12: Möglichkeiten zur Untersuchung eines Systems; der in der vorliegenden Arbeit beschrittene Weg ist grün hervorgehoben [LAW91]S.4

Unter einer Simulation im Bereich Logistik-, Materialfluss und Produktionssysteme wird gemäß VDI-Richtlinie 3633 Blatt 1 das „Nachbilden eines Systems mit seinen dynamischen Prozessen in einem experimentierbaren Modell [verstanden], um zu Erkenntnissen zu gelangen, die auf die Wirklichkeit übertragbar sind; insbesondere werden die Prozesse über die Zeit entwickelt." [VDI14]S.3. Hierbei ist „[d]as Simulationsmodell [...] ein vereinfachtes Abbild der Realität oder des geplanten Ablaufs. Es muß so abstrakt wie möglich und so detailliert wie nötig sein" [FAC97]S.7. Das bedeutet, dass ein Simulationsmodell die Realität nur in dem Ausmaß abbilden soll, das für eine Aussage über die vorweg definierten, zu untersuchenden Eigenschaften des Systems notwendig ist. Simulationen kommen bei Planung, Realisierung und Betrieb von Systemen zum Einsatz [VDI14]S.5.

In den ingenieurwissenschaftlichen Disziplinen ist die Methode der Simulation von zunehmend hoher Relevanz. Insbesondere durch die immer komplexer werdende Produktion und Logistik im industriellen Umfeld gewinnt die Simulation in den letzten Jahren in diesem Feld immer weiter an Bedeutung. [GUT17]S.1

Aufgrund der zunehmenden Digitalisierung im industriellen Umfeld stellt die Simulation eine der wesentlichen Methoden bei der Umsetzung der Digitalen Fabrik dar. [VDI08] S.3 [BRA18]S.9 ff.

Eine spezielle Anwendung, die in dieser Arbeit umgesetzt wird, ist hierbei die Bewertung der eingesetzten Technologien in einem digitalisierten Umfeld durch die Analyse von verschiedenen Szenarien[44].

Es folgt die Definition wesentlicher Begriffe im Kontext der Simulation. Die Zusammenhänge werden in Abbildung 13 graphisch verdeutlicht.

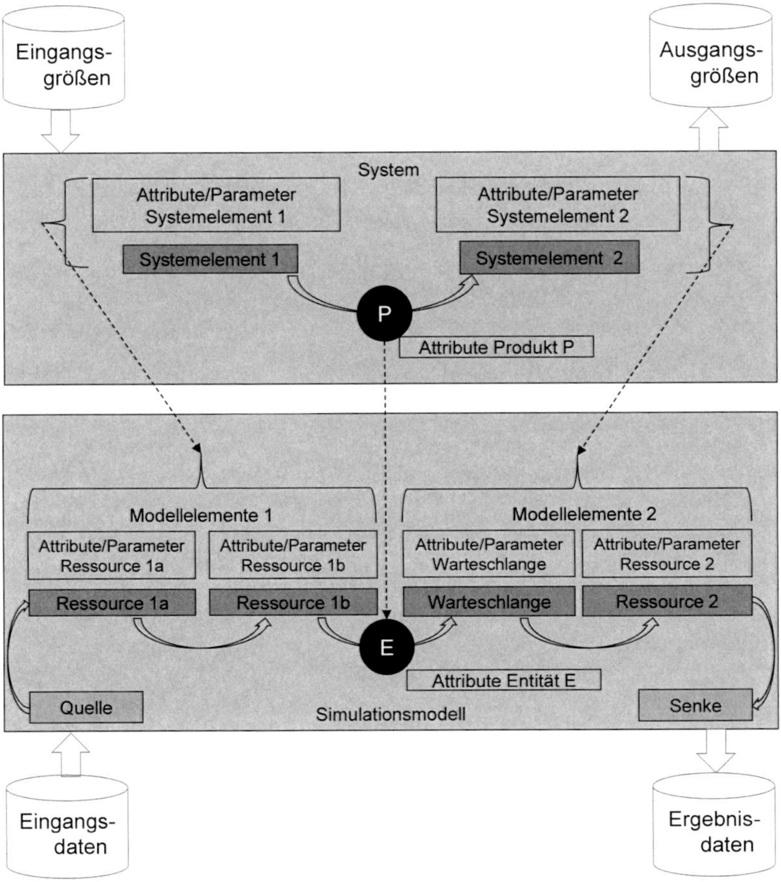

Abbildung 13: Zusammenhänge zwischen System in Simulationsmodell in Anlehnung an [GUT17], [ELE12] und [VDI14] (P: Produkt; E: Entität)

[44] Dieses Vorgehen wird bspw. bei [DUN15] angewendet

Simulationswerkzeug

Ein Simulationswerkzeug ist ein „Softwarewerkzeug, mit dem ein Modell zur Nachbildung des dynamischen Verhaltens eines Systems und seiner Prozesse erstellt und ausführbar gemacht werden kann.“ [VDI14]S.4.

Das Simulationswerkzeug dient also der Erstellung und Bereitstellung eines Simulationsmodells.

Simulationsmodell

Zunächst ist ein Modell die „[v]ereinfachte Nachbildung eines geplanten oder existierenden Systems mit seinen Prozessen in einem anderen begrifflichen oder gegenständlichen System. [...] Es unterscheidet sich hinsichtlich der untersuchungsrelevanten Eigenschaften nur innerhalb eines vom Untersuchungsziel abhängigen Toleranzrahmens vom Vorbild.“ [VDI14]S.3

Bei der Analyse des Systems entsteht zunächst ein Modell des Systems, das keine Experimente erlaubt. Danach findet die Überführung des Modells in eine rechnerbasierte, experimentierbare und ablauffähige Form statt, das Simulationsmodell entsteht. [VDI14]S.22; S.31

Das Simulationsmodell steht nun für Simulationsexperimente zur Verfügung.

Simulationsexperiment

Ein Simulationsexperiment ist die „[g]ezielte empirische Untersuchung des Verhaltens eines Modells durch wiederholte Simulationsläufe mit systematischer Parameter- oder Strukturvariation.“ [VDI14]S.3

In der vorliegenden Arbeit werden ausschließlich Parametervariationen vorgenommen, da keine Veränderungen in der Struktur des Simulationsmodells erfolgen soll.

Parameter

Parameter charakterisieren die Modellelemente [VDI14]S.15. „Die Planung der Simulationsexperimente hat im Wesentlichen die Aufgabe, die zu variierenden Parameterwerte zu definieren und als Reihenfolge so zu systematisieren, dass das Simulationsziel mit möglichst wenigen Simulationsläufen erreicht wird.“ [VDI14]S.35.

Das bedeutet, die Variation der Parameterwerte ist das wesentliche Werkzeug, um Erkenntnisse über das Verhalten des Modells und somit des Systems zu gewinnen. Das Verhalten der Modellelemente und somit des Modells wird von Attributen bestimmt. Attribute, die von außen mit Werten belegt werden, sind Parameter. [GUT17]S.18 ff.

Attribute

Modellelemente „[...] verfügen über Eigenschaften, die ihre Darstellung und ihr Verhalten festlegen.“ [ELE12]S.9 f. Diese Eigenschaften werden Attribute genannt, deren Werte im Modell vorliegen können oder von außen aufgegeben werden[45] [GUT17]S.20.

[45] Siehe Parameter

In der vorliegenden Arbeit werden Eigenschaften, die in den Experimenten keiner Änderung unterliegen, als Attribute bezeichnet.

Modellelemente

Modellelemente repräsentieren Systemelemente in der Modellumgebung. Es kann je nach Zielstellung der Fall sein, dass mehrere Systemelemente in einem Modellelement oder andersherum ein Systemelement mit mehreren Modellelementen abgebildet werden. [GUT17]S.19

Zudem „[...] erfassen Modelle im Allgemeinen nicht alle Attribute der durch sie repräsentierten Originale, sondern nur solche, die dem Modellierer relevant erscheinen (Verkürzungsmerkmal).“ [GUT17]S.21 f.

In der Arbeit sind drei Modellelemente von wesentlicher Bedeutung: Entitäten, Ressourcen und Warteschlangen.

Entitäten

„[Entitäten] sind Objekte, die sich während eines Simulationslaufs ändern und insbesondere auch ihren Standort verändern können. Sie werden daher auch als bewegliche Elemente bezeichnet. [Entitäten] werden vom Simulationsprogramm erzeugt, wandern durch das System und können während des Simulationslaufs auch wieder vernichtet werden. Sie werden daher dazu verwendet, [...] physische Objekte wie Werkstücke [...] abzubilden. Da sie individuell identifizierbar sind, kann während des Simulationslaufs eine Statistik für jede einzelne [Entität] angelegt werden.“ [ELE12]S.9

Entitäten werden in der verwendeten DES vor allem zur Modellierung der Leiterplatten verwendet, die durch eine Quelle erzeugt und in einer Senke vernichtet werden. Auf den Unterschied zu Agenten wird in Kapitel 2.3.3 eingegangen.

Ressourcen

„Ressourcen sind Elemente innerhalb des Simulationsmodells, die von [Entitäten] in Anspruch genommen werden. Sie sind während eines ganzen Simulationslaufs vorhanden, auch wenn sie unter Umständen zeitweilig nicht zur Verfügung stehen. Sie werden daher auch als unbewegliche Elemente bezeichnet. Beispiele für Ressourcen sind Bearbeitungsstationen, Werker oder Montagestationen. Die erstgenannten nehmen [Entitäten] für eine gewisse Zeitdauer, der so genannten Bearbeitungszeit, auf. Werker können dazu genutzt werden, um Mitarbeiter zu modellieren, die z.B. Rüstaufgaben an unterschiedlichen Bearbeitungsstationen übernehmen können. Montagestationen schließlich erzeugen aus einer vordefinierten Menge von [Entitäten] neue [Entitäten].“ [ELE12]S.9.

In der Arbeit wird ausschließlich die Logik der Bearbeitungsstationen zur Modellierung der Produktionszellen verwendet, da das Rüsten durch das Verstreichen von Zeiten ohne Beachtung der Werkerkapazität abgebildet wird. Das Aufbringen von Bauelementen auf die Leiterplatten kann prinzipiell als Montage abgebildet werden, jedoch werden im Simulationsmodell genauso viele Entitäten am Simulationsexperimentbeginn erzeugt wie am Ende vernichtet werden, ohne dass bei Montagetätigkeiten Entitäten zusammengefasst werden. Die SMD-Gebinde mit ihrer definierten Anzahl an Bauelementen werden in Listen geführt und nicht anhand von Entitäten abgebildet.

Warteschlangen

„Warteschlangen stellen eine besondere Art der Ressourcen dar. Dabei handelt es sich um Warteräume wie beispielsweise Lagerplätze, in denen [Entitäten] eingelagert werden können, wenn Ressourcen noch von anderen [Entitäten] belegt und somit nicht verfügbar sind. Die Abarbeitung der Warteschlange erfolgt nach vorgegebenen Regeln, z.B. First-In-First-Out (FIFO). Somit ermöglichen Warteschlangen auch eine Umsortierung, d.h. eine Änderung der Reihenfolge, gemäß der die [Entitäten] bearbeitet werden." [ELE12]S. 9

In der Arbeit finden Warteschlangen Anwendung, um beispielsweise eine Aufbauvariante Typ 2B der zweiten Bestückung zuzuführen sowie die Leiterplatten vor den Produktionszellen zu puffern. Hierbei wird im gesamten Simulationsmodell eine strikte FIFO Logik implementiert, wie dies auch in der Realität einer SMT Fertigungslinie entspricht.

Ablaufsteuerung

„Das Grundprinzip der ereignisdiskreten Simulation geht davon aus, dass eine Folge von Ereignissen mit Zeitstempeln vorliegt, die chronologisch abgearbeitet werden müssen. [...] Zur Umsetzung dieses Konzeptes bedarf es einer Liste, in der alle künftigen Ereignisse verwaltet werden. [...] Die Ablaufsteuerung sorgt nun dafür, dass das jeweils erste Element der Ereignisliste aus der Liste entfernt wird, die Simulationsuhr auf den Zeitpunkt, zu dem das Ereignis eintreten soll, gesetzt wird und die zu dem Ereignis gehörenden Zustandsänderungen [...] durchgeführt werden. Die Ausführung der den Ereignissen zugeordneten Ereignisroutinen wird auch als Abarbeitung der Ereignisse bezeichnet. Innerhalb der Ereignisroutinen können neue Ereignisse erzeugt werden, die wiederum in die Ereignisliste eingetragen werden müssen." [GUT17]S.55

Eingangsgrößen

Zur Durchführung einer Simulation werden umfangreiche Daten wie beispielsweise Produktionsaufträge, Stücklisten, Ressourcenzuordnungen und Fertigungsdaten benötigt. [VDI14]S.34

Zu den Eingangsgrößen zählen insbesondere die im Rahmen der Experimente variierten Parameter. [GUT17]S.20

Ergebnisdaten

„Zu ausgewählten Zeitpunkten und am Ende eines Simulationslaufs werden Ergebnisdaten ausgegeben, die entweder den Zwischen-/Endzustand des Modells beschreiben oder deskriptive Daten des Simulationslaufs darstellen." [VDI14]S.17

2.3.2 Ereignisdiskrete Simulation

Grundsätzlich wird bei der Simulation zwischen kontinuierlichen und diskreten Zustands- und Zeitmengen unterschieden. Die Zusammenhänge werden in Abbildung 14 verdeutlicht und anschließend erläutert.

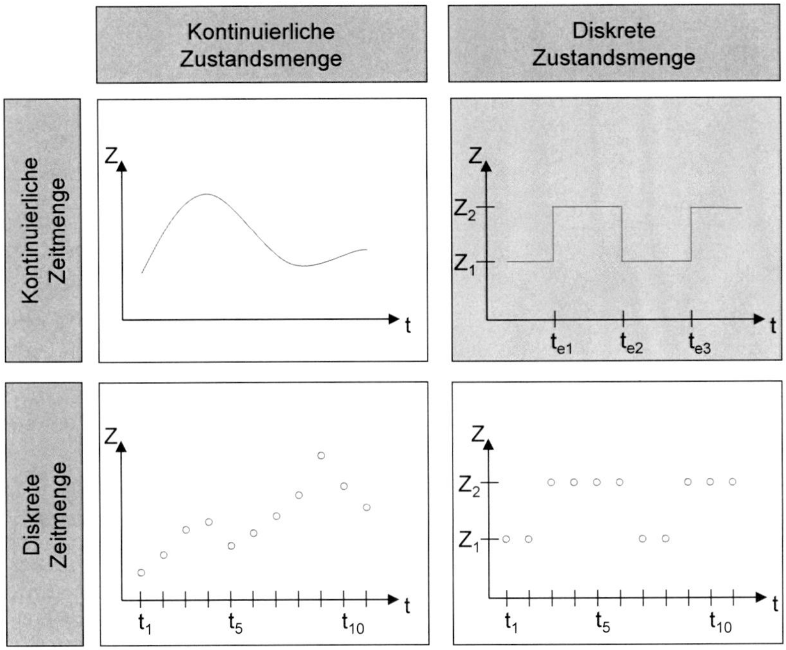

Abbildung 14: Zustandsübergänge bei verschiedenen Kombinationen von Zeit- und Zustandsmengen. [GUT17]S.16 Die für die Arbeit wesentliche Kombination, die die DES beschreibt, ist grau hinterlegt. Z steht für Zustände, t steht für die Zeit. t_e bezeichnet Zeitpunkte, zu denen bestimmte Ereignisse auftreten.

Die nachfolgenden Definitionen sind *Gutenschwanger, Rabe et al.*[46] entnommen. Anschließend wird auf den speziellen Fall der DES eingegangen.

„[...] Im Fall kontinuierlicher Zustands- und Zeitmengen erfolgen die Änderungen von Zuständen in einem stetigen Verlauf in Abhängigkeit von der Zeit. In diesem Fall spricht man auch von kontinuierlichen Systemen oder Modellen. [...] Bei diskreter Zustandsmenge und kontinuierlicher Zeitmenge sind die Zustandsübergänge prinzipiell zu jedem Zeitpunkt t möglich. Da nur zwischen diskreten Zuständen gewechselt werden kann, ergibt sich die dargestellte Treppenfunktion. [...] Im Fall einer diskreten Zeitmenge mit kontinuierlicher Zustandsmenge können sich die Zustände nur zu den definierten Zeitpunkten t_i ändern, wobei alle Zustände des kontinuierlichen Zustandsraums

[46] [GUT17].

eingenommen werden können. [...] Im Unterschied zu[m] [vorher beschrieben Fall] ist in [letztem] Fall auch die Zustandsmenge diskret.“ [GUT17]S.17

Es ist also festzuhalten, dass bei einer DES Zustandsänderungen prinzipiell zu jedem Zeitpunkt möglich sind und diskrete Zustände durchschritten werden. Die Zustandsänderung wird durch atomare, also nicht weiter zerlegbare Ereignisse ausgelöst. Dies bedeutet, dass der Zeitfortschritt über das Auftreten der Ereignisse abgebildet wird. [BRA18]S.128 [KUH08]S.79

DES sind für die Untersuchung logistischer und produktionstechnischer Systeme besonders geeignet, wohingegen kontinuierliche und zeitdiskrete Simulationsmethoden in diesem Zusammenhang von untergeordneter Relevanz sind. [KUH08]S. 79 [ELE12]S.8 [KAP11]S. 25

Im Rahmen einer DES führt ein Ereignis zu einer Zustandsänderung im System, weshalb auch nur diese Zeitpunkte betrachtet werden [ELE12]S.8. Der Eintritt dieser Ereignisse erfolgt in aller Regel zu nicht äquidistanten Zeitpunkten [KUH08]S.79.

Dies bringt den Vorteil mit sich, dass die Wahl geeigneter Zeitraster entfällt, um eine im Sinne der Zielstellung ausreichend genaue Modellierung zu erreichen. Andererseits wird unnötiger Aufwand bei der Bestimmung von Zuständen vermieden, wenn sich diese innerhalb eines festen Zeitrasters nicht verändert haben. [HED13]S.22

Ereignisse beschreiben den Anfang und das Ende von Aktivitäten, Aktivitäten werden zu Prozessen zusammengefasst. [ELE12]S.8

Die DES ist in dieser Arbeit die geeignete Simulationsmethode, da Zustandsänderungen durch das Eintreten von Ereignissen beschrieben werden können und Produktions- sowie Intralogistikprozesse im Fokus stehen. Die Realisierung des Modells mit einem Simulationswerkzeug wird in Kapitel 4 ausführlich beschrieben. Dort werden die Ereignisse, die zu Änderungen führen, erläutert und die Struktur des Simulationsmodells aufgezeigt.

2.3.3 Agentenbasierte Simulation

Im Gegensatz zur DES, in der das System durch Attribute und Ereignisse, die zu einer Zustandsänderung führen, beschrieben wird, erfolgt die Beschreibung des Systems in der agentenbasierten Simulation durch Agenten, die untereinander und mit der Umwelt interagieren. [DOO02]S.829 ff.

Hierbei weist ein Agent folgende Eigenschaften auf, die ihn signifikant von Entitäten unterscheiden:

„Ein [...] Agent 1. verändert nicht nur sich selbst, sondern wirkt auf seine Umwelt und bleibt in dieser persistent. Aktionen geschehen dabei nicht nur als passive Antwort auf Umwelteinflüsse. 2. agiert in Relation zu seiner Umwelt – er verändert sie nicht nur, sondern bezieht Information aus ihr. 3. besitzt einen beschränkten Wahrnehmungs- und

Aktionsradius (Lokalität). 4. verfügt über ein nichttriviales Verhaltensrepertoire." [KLÜ06]S.412

Grundsätzlich eignen sich agentenbasierte Ansätze ebenfalls für komplexe Problemstellungen im Bereich der Produktion und Logistik, insbesondere bei der Produktionssteuerung. Relevant ist dies, wenn das Produktionssystem dezentral organisiert ist und pro-aktiv dezentrale Entscheidungen getroffen werden. [MÖN06] S.36 ff.

Solche Rahmenbedingungen liegen in dieser Arbeit bei der Betrachtung starr verketteter, automatisierter Produktionslinien bei der gewählten Systemabgrenzung (Kapitel 4) nicht vor, sodass hier nicht tiefer auf den Bottom-Up Ansatz[47] der agentenbasierten Simulation eingegangen, sondern die Methodik der DES für das weitere Vorgehen gewählt wird.

2.4 Digitale Abbilder im industriellen Kontext

Digitale Abbilder[48] erfahren in den letzten Jahren durch die zunehmende Digitalisierung und der damit einhergehenden signifikanten Zunahme internetfähiger Dinge[49] verstärkte Aufmerksamkeit (siehe Abbildung 15). So findet sich in den Top 10 Strategic Technology Trends des renommierten IT- Marktforschungs- und Beratungsunternehmens *Gartner Inc.* der Digitale Zwilling in starker Ausprägung. [GIL16]S.11; [HEH19]S.177 ff.; [PAN16]; [PAN17]; [PAN18]; [PAN19]; [FUL20]S.1

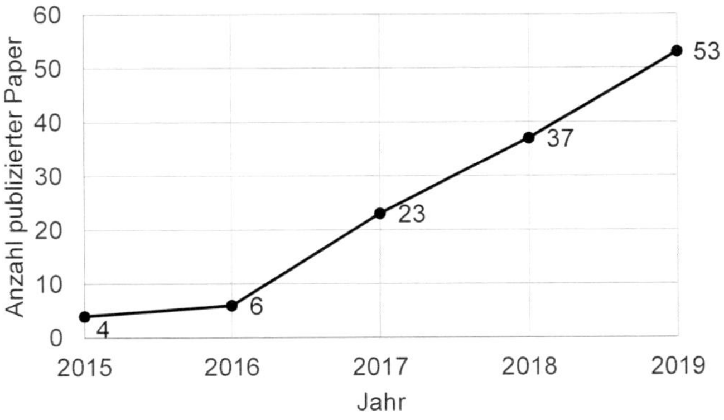

Abbildung 15: Anzahl Publikationen mit Bezug zum Digitalen Abbild; im Jahr 2019 bis September erfasst [LIM20]S.1316

[47] [SIE08]; [STE15]S.2

[48] Auch andere Begrifflichkeiten wie Digitaler Zwilling, Digitaler Schatten etc. sind in Verwendung. Eine Abgrenzung erfolgt in Kapitel 2.4.3.

[49] Internet of Things; IoT

Das wissenschaftliche Themenfeld ist sehr jung, weswegen unterschiedlichste Definitionen zu Digitalen Abbildern und ihren Ausprägungen[50] existieren [KLO18]S.299. Selbiges gilt für die möglichen Anwendungen Digitaler Abbilder. Es ist festzuhalten, dass sich das Themenfeld der Digitalen Abbilder aktuell am Beginn der Entwicklung befindet [MIE20]S.57.

In diesem Kapitel wird nach einer Erläuterung der Herkunft und der Entwicklung des Konzepts im Laufe der letzten Jahre auf derzeit diskutierte, mögliche Definitionen und Anwendungsbereiche eingegangen. Anschließend wird eine mögliche Einordnung Digitaler Abbilder nach ihrem Integrationsgrad aufgezeigt, der im Rahmen dieser Arbeit Anwendung finden soll. Abschließend werden aktuelle Forschungstätigkeiten der Arbeit gegenübergestellt und die Forschungslücke herausgearbeitet.

2.4.1 Ursprung und Weiterentwicklung des Konzepts

Analog zu der Variantenvielfalt bei den Definitionen wird die Herkunft des Konzeptes diskutiert. Digitale Abbilder waren bereits bei den Apollo Missionen der NASA mittels damals sogenannter Simulatoren im Einsatz, wurden jedoch nicht als Digitale Abbilder bezeichnet. Die Simulatoren bestanden aus Hard- und Softwarekomponenten, zeitweilig waren 175 Programmierer und 200 Hardwarespezialisten mit dem Aufbau der Simulatoren beschäftigt. Besondere Bedeutung erlangten die Simulatoren bei der Apollo 13 Mission, da die bei der Rettung nötigen Manöver im Vorfeld getestet werden konnten. [TOM88]; [FER20]; [END19]S.2

In dem Vorhandensein Digitaler Abbilder ohne explizite Benennung und Identifikation dieser, liegt unter anderem die Herausforderung bei der Definition und Ermittlung der Herkunft.

Weiterhin wird in der Literatur ein Vortrag von *Grieves* im Jahr 2002 genannt, in dem er eine konzeptionelle Idee für das Product Lifecycle Management (PLM) aufzeigt, die die wesentlichen Elemente eines Digitalen Zwillings enthält: Ein realer Gegenstand, ein virtuelles Abbild und ein Datenfluss zwischen ihnen. Erneut ist das Konzept an dieser Stelle nicht als Digitales Abbild benannt oder definiert. [GRI17]S.93; [END19]S.2[51]; [AUT18]S.242;

2011 proklamiert *Grieves* die erste Nennung des Begriffs Digitaler Zwilling in [GRI11]S.133 für sich. [GRI14]

Die Begrifflichkeit des Digitalen Zwillings wird aber bereits 2010 von *Shafto* in einer Technologieroadmap der NASA geführt und wird in dieser Arbeit als Herkunft des Begriffs festgehalten. [SHA10]S.5 ff; [AUT18]S.242; [NEG17]S.941

Folglich besteht für das Konzept, das seit Jahrzehnten genutzt wird, keine feste Begriffsbestimmung, da die Definition erst vor wenigen Jahren begonnen wurde. Es

[50] Z.B. Digitaler Zwilling, Digitaler Schatten

[51] Anmerkung: Abweichende Jahreszahl des besagten Vortrags: 2003

besteht nach wie vor keine einheitliche Definition, sodass diese teilweise noch sehr vage ausfällt. [JON20]S.36; [AUT18]S.242; [SHA20]S.2087

Die große Relevanz des Themas für das produzierende Umfeld ist am Anteil der Publikationen zum Thema Digitaler Zwilling in Abbildung 16 zu erkennen. Zu einer ähnlichen Einschätzung kommt *Barricelli* in einer Analyse von Publikationen, worin eine hohe Relevanz des Themenbereichs Produktion seit 2015 aufgezeigt wird [BAR19]S.167657.

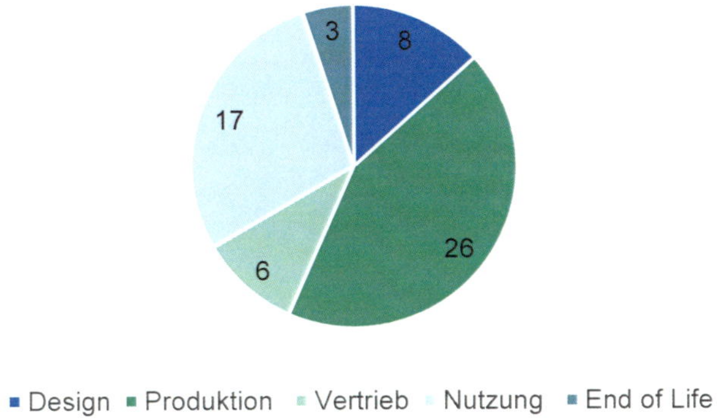

Abbildung 16: Zuordnung von 54 Publikationen von 2015-2019 mit Bezug auf Phasen des PLM: Doppelnennung möglich. [LIM20]S.1323

Ebenso ist das umfangreiche Normungsprojekt zu diesem Thema zu nennen, das die Bedeutung im Bereich Produktion unterstreicht. In der Norm mit der geplanten Dokumentennummer ISO/FDIS 23247 *Automation systems and integration - Digital Twin framework for manufacturing* werden die Bereiche Overview and general principles, Reference architecture, Digital representation of manufacturing elements und Information exchange adressiert. [ISO18a]; [ISO18b]; [ISO18c]; [ISO18d]

Im nachfolgenden Kapitel wird auf mögliche Anwendungen innerhalb und außerhalb der Produktion eingegangen. Ebenso werden einige Ansätze zu Definitionen aufgezeigt.

2.4.2 Mögliche Definitionen Digitaler Abbilder

Wie bereits erwähnt existieren derzeit zahlreiche Ansätze Digitale Abbilder, insbesondere die Begrifflichkeiten in Abhängigkeit ihres Integrationsgrads, zu definieren. Nachfolgend werden in Tabelle 5 einige Definitionen aufgezeigt. Die Aufstellung erhebt keinen Anspruch auf Vollständigkeit, spiegelt jedoch die gängigsten und bekanntesten Ansätze wider.

Tabelle 5: Mögliche Definitionen Digitaler Abbilder; nach Jahr ihres Erscheinens sortiert

Quelle	Definition
[SHA10]S.7	„A digital twin is an integrated multi-physics, multi-scale, probabilistic simulation of a vehicle or system that uses the best available physical models, sensor updates, fleet history, etc., to mirror the life of its flying twin. The digital twin is ultra-realistic and may consider one or more important and interdependent vehicle systems, including propulsion/energy storage, avionics, life support, vehicle structure, thermal management/TPS, etc. In addition to the backbone of high-fidelity physical models, the digital twin integrates sensor data from the vehicle's on-board integrated vehicle health management (IVHM) system, maintenance history, and all available historical/fleet data obtained using data mining and text mining. The systems on board the digital twin are also capable of mitigating damage or degradation by recommending changes in mission profile to increase both the life span and the probability of mission success.“
[GRI14]S.1	„The Digital Twin concept model [...] contains three main parts: a) physical products in Real Space, b) virtual products in Virtual Space, and c) the connections of data and information that ties the virtual and real products together.“
[ROS15]S.1	„In order to make this happen, the autonomous systems will need access to very realistic models of the current state of the process and their own behavior in interaction with their environment in the real world – typically called the "Digital Twin".“
[ABE16]S.23	„Der Digitale Schatten überführt zunächst den realen Produktionsprozess in die virtuelle Welt. Der Digitale Zwilling kann darauf aufbauend durch ein Prozessmodell und Simulation ein möglichst identisches Abbild der Realität liefern.“
[GRI17]S.94	„Digital Twin (DT)—the Digital Twin is a set of virtual information constructs that fully describes a potential or actual physical manufactured product from the micro atomic level to the macro geometrical level. At its optimum, any information that could be obtained from inspecting a physical manufactured product can be obtained from its Digital Twin.“
[KUH17]S.1	„Digitale Zwillinge sind digitale Repräsentanzen von Dingen aus der realen Welt. Sie beschreiben sowohl physische Objekte als auch nicht physische Dinge wie z. B. Dienste, indem sie alle relevanten Informationen und Dienste mithilfe einer einheitlichen Schnittstelle zur Verfügung stellen. Für den digitalen Zwilling ist es dabei unerheblich, ob das Gegenstück in der realen Welt schon existiert oder erst existieren wird.“
[SCH17]S.144	„The vision of the digital twin refers to an entangled relation between a physical artefact and the set of such virtual models.“
[AUT18]S.243	„As a conclusion, a compact definition of Digital Twin can be structured as follows: Digital Twin is the cyber part of a Cyber-Physical System.“

[DEM18]S.295	„A digital twin of a production system is a multi-level digital layout that describes the product, processes and resources in the environment of their functioning, i.e. allowing to simulate the processes taking place in the real system, as well as collecting and displaying in real time data on the status of objects obtained from the PLC[52] and sensors installed in the production system both on industrial equipment and in its environment.“
[KRI18]S.1017	„Based on the given definitions of a Digital Twin in any context, one might identify a common understanding of Digital Twins, as digital counterparts of physical objects. Within these definitions, the terms Digital Model, Digital Shadow and Digital Twin are often used synonymously. However, the given definitions differ in the level of data integration between the physical and digital counterpart.“
[TAO18]S.3566	„Digital twin is an integrated multi-physics, multi-scale, and probabilistic simulation of a complex product and uses the best available physical models, sensor updates, etc.,to mirror the life of its corresponding twin. The idea and con-cept of digital twin, which is composed of physical product,virtual product, and connected data that ties physical and virtual product, can realize the convergence between product physical and virtual space.“
[FUL20]S.1	„The Digital Twin is defined extensively but is best described as the effortless integration of data between a physical and virtual machine in either direction.“

Es ist zu erkennen, dass die Definitionen sehr spezielle Beschreibungen spezialisierter Anwendungsfälle und Anforderungen bei *Shafto* bis hin zu abstrakteren und generellen Definitionen wie bei *Fuller* umfassen. [SHA10]S.7; [FUL20]S.1

Alle Definitionen haben gemeinsam, dass ein physisches Objekt digital abgebildet wird und eine Kopplung zwischen physischem Objekt und dem Digitalen Abbild besteht.

Für die Arbeit wird die Definition von *Kritzinger* herangezogen, die eine Differenzierung nach dem Integrationsgrad, also einer Unterscheidung der Digitalen Abbilder in Digitale Modelle, Digitale Schatten und Digitale Zwillinge erlaubt[53]. [KRI18]S.1017

Eine Erläuterung der Integrationsgrade erfolgt in Kapitel 2.4.3 und wird bei der Modellformalisierung (Kapitel 4) und der industriellen Erprobung (Kapitel 5) aufgegriffen.

Für die Nutzung Digitaler Abbilder ergeben sich zahlreiche Anwendungsfelder, die in Kapitel 2.5 aufgeführt werden.

[52] Programmable Logic Controller
[53] Diese Unterscheidung wird auch von [FUL20]S.3 aufgegriffen

2.4.3 Einordnung nach Integrationsgrad

Die Unterscheidung Digitaler Abbilder nach dem Integrationsgrad erlaubt eine Klassifizierung in Digitale Modelle, Digitale Schatten und Digitale Zwillinge. [KRI18]; [FUL20]

Die Anforderungen an den Datenaustausch steigen vom Digitalen Modell zum Digitalen Zwilling. Somit erlaubt die Definition von *Kritzinger* bereits implementierte und zu implementierende Digitale Abbilder eindeutig zu klassifizieren und aufzuzeigen, ob eine tiefere und zumeist aufwendigere Integration im Sinne eines zu definierenden Zielsystems zielführend ist. Nachfolgend werden die drei unterschiedenen Integrationsgrade vorgestellt. An dieser Stelle wird der Weg der Daten zwischen physischem Objekt und Digitalem Abbild nicht genauer erläutert. Dies erfolgt in der industriellen Anwendung.

2.4.3.1 Digitales Modell

Das Digitale Modell ist durch einen manuellen Datenfluss[54] zwischen dem physischen Objekt und dem Digitalen Abbild gekennzeichnet. Die Datenflüsse sind in beide Richtungen manuell zu leisten. Digitale Modelle umfassen beispielsweise Simulationsmodelle, Modelle von Produkten und prinzipiell jede Art von Modell ohne automatisierten Datenaustausch. [KRI18]S.1017; [FUL20]S.2

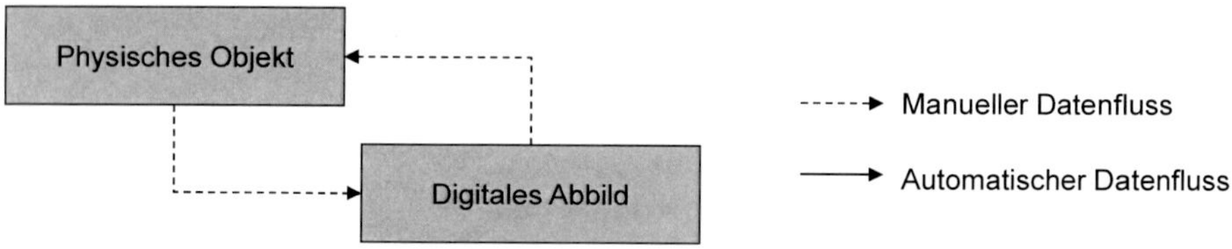

Abbildung 17: Datenfluss bei einem Digitalen Modell [KRI18]S.1017

2.4.3.2 Digitaler Schatten

Der Digitale Schatten umfasst den automatisierten Datenfluss vom physischen Objekt zum Digitalen Abbild. Somit führt eine Änderung im physischen Objekt zu einer Änderung im Digitalen Abbild, jedoch nicht umgekehrt. [KRI18]S.1017; [FUL20]S.2

Der Weg der Daten sowie die Zeit der Datenübertragung ist nicht definiert, auch wenn Echtzeit im Kontext Digitaler Abbilder häufig gefordert wird. [KRI18]S.1017 [FUL20]S.3 ff

[54] D.h. es liegen händische Eingaben vor

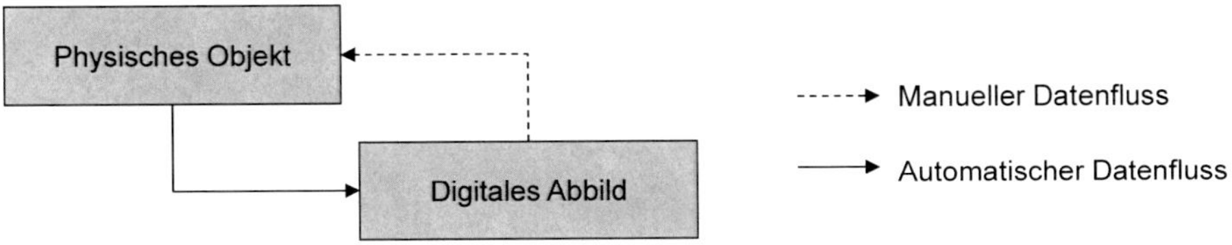

Abbildung 18: Datenfluss beim Digitalen Schatten [KRI18]S.1017

2.4.3.3 Digitaler Zwilling

Im Falle des Digitalen Zwillings sind die Datenflüsse zwischen physischem Objekt und Digitalem Abbild in beide Richtungen automatisiert. Eine Änderung im physischen Objekt führt zu einer Änderung im Digitalen Abbild und umgekehrt. [KRI18]S.1017; [FUL20]S.2

In der Arbeit wird hierunter verstanden, dass eine Änderung eines Parameters im Digitalen Abbild auf das physische Objekt übertragen oder diesem zugeordnet wird. Es ist hierbei nicht erforderlich, dass sich physikalische Eigenschaften ändern, da sich die Definition rein auf den Datenfluss bezieht.

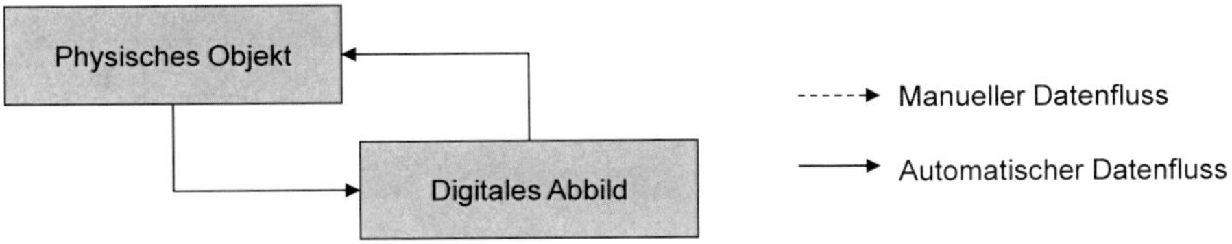

Abbildung 19: Datenfluss beim Digitalen Zwilling [KRI18]S.1017

2.5 Einordnung aktueller Forschung zu Digitalen Abbildern im Produktionsumfeld hinsichtlich der Zielstellung

Aktuelle Anwendungsbereiche reichen von Anwendungen in der Bauindustrie und industriellen Produktion über Ansätze im PLM bis hin zu Anwendungen speziell in der Öl- und Gasindustrie. Neben diesen Themenbereichen sind weiterhin Anwendungen in der Luft- und Raumfahrt sowie in der Robotik im Fokus aktueller Forschung. [BOJ20]; [GRI17]; [CAM18]; [NEG17]; [END19]; [IUR20]; [LIM20]; [BOT20]

Ebenso beschäftigen sich zahlreiche wissenschaftliche Publikationen mit der reinen Analyse und Strukturierung vorhandener Ansätze und Untersuchungen zu Digitalen Abbildern. [BOJ20]; [LIM20]; [MEL20]; [NEG17]; [KLO18]; [KRI18]; [TAO19]; [VAN20]

Das Themengebiet des Digitalen Abbilds unterliegt in den letzten Jahren einer sehr großen Dynamik mit zahlreichen Anwendungen und Definitionen [HAA19]S.36. In Tabelle

6 werden wesentliche Ansätze der letzten Jahre aufgezeigt und nach Branche, physischem Objekt, Anwendungsbereich und Erzeugung, Implementierung oder Nutzung des Digitalen Abbilds eingeordnet. Am Ende der Tabelle 6 steht die vorliegende Arbeit. Anschließend wird kurz auf die einzelnen Publikationen eingegangen.

Tabelle 6: Aktuelle Forschungsansätze, unterteilt nach Erzeugung / Implementierung / Nutzung Digitaler Abbilder

Quelle	Digitales Abbild			Anwendungsbereich				Branche	Physisches Objekt
	Erzeugung	Implementierung	Nutzung	Produkt	Produktion	Betrieb	Intralogistik		
[TAL17]	X				X			Automobil-industrie	Fertigungszelle
[CIC19]	X	X			X	X		Anlagen-bau (u.a.)	Roboter (Fokus)
[HAA19]	X			X				n.a.	Pneumatikzylinder-boden
[SCH19]	X	X		X	X		X	n.a.	Produktionsprozess inkl. Produkt & FTS[55]
[WEI19]	X				X			Metall-industrie	Linearer Wickelprozess
[BRE20]		X	X	X	X			n.a.	Werkzeug-maschine
[ÜNA20]	X			X	X			n.a.	LMD[56] Prozess, additiv gefertigte Produkte
Vorliegende Arbeit			X		X		X	Elektronik-industrie	FBG und SMD- Gebinde

Talkhestani et al von der Universität Stuttgart und der Siemens AG diskutieren in der Publikation *Synchronisierung von digitalen Modellen mit realen Fertigungszellen auf Basis einer Ankerpunktmethode am Beispiel der Automobilindustrie* die Anwendung der sogenannten Ankerpunktmethode zur Synchronisierung des physischen Objekts der Fertigungszelle mit ihrem Digitalen Zwilling. Es werden mechanische, elektrische und Software-Ankerpunkte mechatronischer Komponenten aufgezeigt, die am physischen Objekt detektiert werden müssen, um in die Datenstrukturen des Digitalen Zwillings eingebunden zu werden. Dies ermöglicht in der Folge eine regelbasierte Konsistenzprüfung zwischen physischem Objekt und Digitalem Zwilling. Der Fokus liegt auf der Erzeugung des Digitalen Zwillings. [TAL17]

[55] Fahrerloses Transportsystem
[56] Laser Material Deposition

Cichon untersucht in seiner Dissertation an der Rheinisch-Westfälischen Technischen Hochschule Aachen mit dem Titel *Der Digitale Zwilling als Mediator zwischen Mensch und Maschine* die Nutzung des Digitalen Zwillings als Schnittstelle zwischen Mensch und physischem Objekt. Als physische Objekte bilden Roboter den Schwerpunkt in der Arbeit. Es wird aufgezeigt, wie die Digitalen Zwillinge als Schnittstelle erzeugt und implementiert werden können und es werden mögliche Anwendungen im Anlagenbau und dem Katastrophenschutz diskutiert. Neben diesen Themenblöcken werden weitere Nutzungen, wie bspw. Assistenzsysteme, aufgezeigt. [CIC19]

Haag verfolgt in seiner Dissertation *Generierung topologieinvarianter Geometrierepräsentationen für Digitale Zwillinge* an der Technischen Universität Darmstadt das Ziel „[der] Entwicklung einer Methode zur automatisierten Generierung von geometrischen Produktrepräsentationen zur Anwendung in Digitalen Zwillingen. Die Generierung erfolgt auf Basis des 3D-CAD-Geometriemodells und ausgewählten, realen Abmaßen seines physischen Gegenstücks [...]. Der wissenschaftliche Kern liegt in der algorithmenbasierten Automatisierung des Generierungsprozesses. Das Ergebnis der Methode ist eine auf ausgewählte Abmaße bezogene, geometrisch hochgenaue Repräsentation des zugehörigen physischen Bauteils." [HAA19]S.47. Die Validierung der Methode erfolgt anhand eines Pneumatikzylinderbodens. Die Arbeit widmet sich der Erzeugung des Digitalen Zwillings. [HAA19]

Schützer et al skizzieren in ihrer Publikation *Contribution to the development of a Digital Twin based on product lifecycle to support the manufacturing process* einen Digitalen Zwilling, der den Produktionsprozess repräsentiert und eine Optimierung sowie ein Monitoring erlaubt. Es sind Digitale Zwillinge der Produktionsressourcen, Produkte, Produktionsmitarbeiter und fahrerlosen Transportsysteme enthalten, die zu einem Digitalen Zwilling des Produktionsprozesses aggregiert werden sollen. [SCH19]

Weigelt et al zeigen in ihrer Publikation *Digital Twin of the Linear Winding Process Based on Explicit Finite Element Method* eine spezielle Anwendung eines Digitalen Zwillings in einem linearen Wickelprozess in der Metallindustrie auf. Auf Basis einer finite Elemente Analyse wird ein Simulationsmodell des Wickelprozesses entwickelt und mit Experimentdaten verglichen. Der erzeugte Digitale Zwilling erlaubt nach der Validierung die Identifikation signifikanter Einflussgrößen auf den Prozess. [WEI19]

Brecher et al entwickeln in der Publikation *Vernetzte Produktion durch Digitale Schatten – Werkzeugmaschine 4.0* eine Referenzarchitektur, die die Infrastruktur für Digitale Schatten bildet. Es werden drei Szenarien der Produktionstechnik[57] beschrieben, die mögliche Anwendungen für Digitale Schatten aufzeigen. [BRE20]

Ünal-Saewe et al beschreiben in der Publikation *Digitaler Zwilling im Produktlebenszyklus additiv gefertigter Komponenten* zwei zentrale Anwendungen des Digitalen Zwillings im Bereich der Additiven Fertigung. Zum einem wird aufgezeigt, wie ein Digitaler Zwilling des LMD Prozesses erzeugt werden kann. Zum anderen wird gezeigt, welche Potentiale

[57] Beherrschung der Fertigungskomplexität, Prozessbegleitende Echtzeit-Qualitätskontrolle in der Fertigung, Neue Geschäftsmodelle in der Produktion

der 3D Druck bei der Produktion von Industrie 4.0- befähigten Bauteilen durch die Integration von Sensorik an beliebigen Stellen hat. [ÜNA20]

Es ist festzuhalten, dass der Schwerpunkt derzeitiger Forschung auf der Erzeugung des Digitalen Abbilds und der Erarbeitung möglicher Architekturen zur Integration dieser liegt. Ein weiterer Schwerpunkt liegt auf sehr speziellen, einzelnen Anwendungen des Konzepts. Bisher kaum untersucht ist die isolierte Auswirkung der Nutzung von Digitalen Abbildern in bestehenden Produktionssystemen auf klassische Zielgrößen der Produktion bei verschiedenen Integrationsgraden. Die Elektronikindustrie besitzt die Datengrundlage für eine Untersuchung dieser Art und bildet demnach den Fokus der vorliegenden Arbeit. Nachfolgend wird das Verfahren zur Bewertung der Auswirkungen Digitaler Abbilder in der Elektronikproduktion beschrieben.

3 Konzeption des Verfahrens zur Bewertung der Auswirkungen Digitaler Abbilder in der Elektronikproduktion

3.1 Definition des Kennzahlensystems (Ergebnisdaten)

Aus den in Kapitel 2 dargelegten Kennzahlen wird nun ein Kennzahlensystem aufgebaut, das der Bewertung der Nutzung Digitaler Abbilder dient. Aktuelle Kennzahlen zur Bewertung von Produktions- und Logistikprozessen beinhalten keine Maßzahlen für das Messobjekt der Digitalen Abbilder. Geeignete Kennzahlen, um die Leistungsfähigkeit der Digitalen Abbilder zu bewerten, werden in Kapitel 3.1.3 definiert. Das Kennzahlensystem stellt die Ergebnisdaten der Simulation und somit Messgrößen des hier entwickelten Verfahrens zur Bewertung der Auswirkung Digitaler Abbilder dar. [GUT17]S.19

In der weiteren Anwendung werden die Kennzahlen zur besseren Vergleichbarkeit mit den Ergebnissen des Ist-Zustandes normiert, weitere Details hierzu finden sich in Kapitel 5.

3.1.1 Kennzahlen für Messobjekt Produktionssystem

Zur Bewertung des Messobjektes Produktionssystem werden zwei Kennzahlen herangezogen.

Mittlerer Durchführungszeitanteil PLD1

$$PLD1 = \frac{\sum_{i=1}^{n} DFZ_i}{\sum_{i=1}^{n} DLZ_i} = \frac{\sum_{i=1}^{n} BAZ_i}{\sum_{i=1}^{n} DLZ_i} \qquad (3\text{-}1)$$

PLD1: mittlerer Durchführungszeitanteil; DFZ: Durchführungszeit; DLZ: Durchlaufzeit; BAZ: Bearbeitungszeit

Zum besseren Verständnis wurde die Bezeichnung BAZ aus der Norm VDMA 66412-1 übernommen[58] [VDM09]. Durch das Aufsummieren der Durchführungszeiten und Durchlaufzeiten sowie das anschließende ins Verhältnis setzen, schafft die Kennzahl Transparenz hinsichtlich der Leistungsfähigkeit der MVE-Prozesse. Die Durchführungszeiten enthalten in der Definition der Norm Rüstzeiten und Bearbeitungszeiten[59]. Genauer definiert teilen sich die Rüstzeiten wie folgt auf: die Durchführungszeiten beinhalten interne Rüstvorgänge[60], die Durchlaufzeiten zusätzlich

[58] inhaltlich entspricht BAZ wie die DFZ der Summe aus internen Rüstzeiten und tatsächlichen Bearbeitungszeiten siehe Kapitel 2

[59] [VDI04]S.21

[60] Die Bewertung der isolierten internen Rüstzeiten erfolgt anhand einer weiteren Kennzahl, des Rüstgrades

externe Rüstvorgänge. Die Durchlaufzeit beginnt mit der Auslagerung des ersten Materials und endet mit der Rücklagerung des letzten Materials. Die Berechnung der Kennzahl beinhaltet die Summen aller Fertigungsaufträge im untersuchten Zeitraum. Für ein differenzierteres Bild der Leistung der MVE Prozesse wird eine weitere Kennzahl, der Durchsatz, herangezogen.

Durchsatz

$$Durchsatz = D = \frac{\sum_{i=1}^{n} PM_i}{\sum_{i=1}^{n} DLZ_i} \quad (3\text{-}2)$$

D: Durchsatz; PM: produzierte Menge; DLZ: Durchlaufzeit

Durch das ins Verhältnis setzen der produzierten Menge mit der Durchlaufzeit wird im Zähler des Bruchs der Einfluss der Rüstzeiten bei der Messung eliminiert und geht lediglich im Nenner ein. Die Kennzahl reagiert somit sensitiver auf Schwankungen der Leistung der MVE Prozesse. Aufgrund der definierten Abgrenzung des Betrachtungsrahmens ist diese Nutzung der Kennzahl möglich, da in der PM bei allen Szenarien keine Schwankungen auftreten. Es wird stets eine Qualitätsrate von 1, d.h. 100% Gutteile, angenommen. Die Berechnung der Kennzahl beinhaltet die Summen aller Fertigungsaufträge im untersuchten Zeitraum.

3.1.2 Kennzahlen für Messobjekt Produktionszelle

Nachdem Kapitel 3.1.1 die Kennzahlen für das Messobjekt Produktionssystem vorgestellt hat, werden nun Kennzahlen für das Messobjekt Produktionszelle eingeführt. Zunächst soll unter Beachtung des Zeitmodells für Produktionseinheiten erläutert werden, wie sich die Verfügbarkeit im Sinne der OEE im definierten Betrachtungsrahmen darstellt. Wie bereits erläutert berechnet sich die Verfügbarkeit[61] wie folgt:

$$Verfügbarkeit = \frac{HNZ}{PBZ} \quad (3\text{-}3)$$

HNZ: Hauptnutzungszeit; PBZ: Planbelegungszeit

Die Planbelegungszeit PBZ errechnet sich folgendermaßen:

$$PBZ = HNZ + TRZ + SU + (SZ + TZ + LZ) \quad (3\text{-}4)$$

PBZ: Planbelegungszeit; HNZ: Hauptnutzungszeit; TRZ: tatsächliche Rüstzeit; SU: störungsbedingte Unterbrechungen; SZ: Stillstandszeit; TZ: Transportzeit; LZ: Liegezeit

Um die Auswirkungen der Nutzung Digitaler Abbilder isoliert zu bewerten, wird folgende Annahme getroffen:

[61] Effektivität und Qualitätsrate nicht im Fokus der Untersuchung; vgl. Betrachtungsrahmen in Kapitel 1.2

$$(SZ + TZ + LZ) = 0 \tag{3-5}$$

SZ: Stillstandszeit; TZ: Transportzeit; LZ: Liegezeit

Somit ergibt sich für die PBZ:

$$PBZ = HNZ + TRZ + SU = BLZ \tag{3-6}$$

PBZ: Planbelegungszeit; HNZ: Hauptnutzungszeit; TRZ: tatsächliche Rüstzeit; BLZ: Belegungszeit

Somit ergibt sich für die Verfügbarkeit:

$$Verfügbarkeit = \frac{HNZ}{PBZ} = \frac{HNZ}{BLZ} = Nutzgrad \tag{3-7}$$

PBZ: Planbelegungszeit; HNZ: Hauptnutzungszeit; BLZ: Belegungszeit

Die Berechnung der Verfügbarkeit hat sich somit auf die Berechnung des Nutzgrades vereinfacht. Der Nutzgrad beinhaltet die BLZ, die sich wie folgt berechnet:

$$BLZ = HNZ + TRZ + SU \tag{3-8}$$

BLZ: Belegungszeit; HNZ: Hauptnutzungszeit; TRZ: tatsächliche Rüstzeit; SU: störungsbedingte Unterbrechungen

Das Kennzahlensystem soll es erlauben, die Effekte der TRZ (internes Rüsten) und der SU (Zeit von Anforderung des Materials bei laufender Produktion bis zu dem Zeitpunkt des Rüstens) getrennt zu bewerten. Somit werden die Kennzahlen weiter verfeinert. Zur Bewertung von SU kommt der technische Nutzgrad zum Einsatz:

Technischer Nutzgrad

$$technischer\ Nutzgrad = TN = \frac{\sum_{i=1}^{n} HNZ_i}{\sum_{i=1}^{n} (HNZ + SU)_i} \tag{3-9}$$

TN: technischer Nutzgrad; HNZ: Hauptnutzungszeit; SU: störungsbedingte Unterbrechungen

Die Auswirkungen der internen Rüstzeiten, seien sie planmäßig oder unvorhergesehen, werden in dieser Kennzahl nicht berücksichtigt. Es wird der technische Nutzgrad des Messobjektes Produktionszelle gemessen, der durch SU aufgrund mangelnder Verfügbarkeit von Material während der Produktion beeinflusst wird. Die Berechnung der Kennzahl beinhaltet die Summen aller Fertigungsaufträge im untersuchten Zeitraum.

Um die Beeinflussung der Produktionszelle durch Rüstzeiten darzustellen und bewerten zu können, wird darüber hinaus der Rüstgrad bestimmt:

Rüstgrad

$$Rüstgrad = RG = \frac{\sum_{i=1}^{n} TRZ_i}{\sum_{i=1}^{n} BAZ_i} \tag{3-10}$$

RG: Rüstgrad; TRZ: tatsächliche Rüstzeit; BAZ: Bearbeitungszeit

Die Kennzahl erfasst die Zeiten der internen Rüstvorgänge, somit auch diejenigen Rüstvorgänge, welche bei einem erneuten Rüsten von Material während der Produktionszeit anfallen. Die Berechnung der Kennzahl beinhaltet die Summen aller Fertigungsaufträge im untersuchten Zeitraum.

3.1.3 Kennzahlen für Messobjekt Digitales Abbild

Die Auswirkungen der Nutzung Digitaler Abbilder auf Produktionssysteme und Produktionszellen können hinsichtlich des definierten Betrachtungsrahmens mit den bereits eingeführten Kennzahlen bewertet werden. In diesem Kapitel werden Kennzahlen zur Bewertung der Leistung des Digitalen Abbilds an sich definiert. Sie ermöglichen es, das Digitale Abbild bei verschiedenen Integrationsstufen anhand definierter Kennzahlen zu vergleichen. Hierzu werden zwei separate Kennzahlen ermittelt, um 1) zu messen, wie nahe an der Realität das Digitale Abbild ist und 2) zu bewerten, wie viel Zeit verstreicht, bis das Digitale Abbild der Realität entspricht. Diese Kennzahlen finden bei Digitalen Abbildern der Integrationsstufen Digitaler Schatten und Digitaler Zwilling Anwendung, da erst ab dann eine sinnvolle Erhebung beider Kennzahlen möglich ist. In der Arbeit trifft dies auf die Digitalen Abbilder der SMD-Gebinde zu, da nur sie diese Integrationstiefen erreichen.

Zunächst wird die Diskrepanz zwischen Realität und Digitalem Abbild beschrieben, die sich im Falle der SMD-Gebinde in Mengenabweichungen niederschlägt. Die Kennzahl für Mengenabweichungen (KM) soll wie folgt berechnet werden:

Kennzahl für Mengenabweichungen KM

$$KM = \frac{\sum_{j=1}^{m} \left(\frac{M_T - M_R}{M_T}\right)_j}{m} \tag{3-11}$$

KM: Kennzahl für Mengenabweichung; M_T: theoretische Menge; M_R: reale Menge; m: Anzahl der Einlagerungsvorgänge

Die theoretische Menge M_T und reale Menge M_R bezieht sich hierbei auf alle SMD-Gebinde. Die theoretische Menge berücksichtigt dabei Verbräuche, die auf verbaute Bauelemente pro Produkt zurückzuführen sind, sowie bereits ermittelte und dem Digitalen Abbild zugerechnete Mehrverbräuche. Sie ist somit Planungsbasis. Die realen Mengen beinhalten Mehrverbräuche über die rein produktgetriebenen Verbräuche hinaus, die nicht aus Produktdaten abgeleitet werden, noch nicht dem Digitalen Abbild zugerechnet wurden und daher in der Planung nicht berücksichtigt werden können. Die Laufvariable j beschreibt die Anzahl der produzierten Lose und der von Ihnen verursachten Einlagerungsvorgänge während des Betrachtungszeitraums. Bei jedem Einlagerungsvorgang wird die Differenz zwischen theoretischer Menge und realer Menge mit der theoretischen Menge ins Verhältnis gesetzt und bis zum letzten Einlagerungsvorgang m aufsummiert. Anschließend wird durch die Anzahl der Einlagerungsvorgänge m dividiert und somit der Mittelwert zur abschließenden Bewertung errechnet.

Die Ermittlung der Kennzahl für den zeitlichen Verzug einer Änderung der Realität bis zur Aktualisierung des Digitalen Abbilds wird durch eine Kennzahl für den zeitlichen Verzug (KZV) gemessen, die folgendermaßen berechnet wird:

Kennzahl für den zeitlichen Verzug KZV

$$KZV = \frac{\sum_{j=1}^{m}(t_A - t_E)_j}{m} = \frac{\sum_{j=1}^{m}(\Delta t)_j}{m} \qquad (3\text{-}12)$$

KZV: Kennzahl für den zeitlichen Verzug; t_A: Zeitpunkt der Aktualisierung; t_E: Zeitpunkt des Beginns der Materialentsorgungsvorgänge; m: Anzahl der Einlagerungsvorgänge

KZV berechnet sich aus der Differenz des Zeitpunktes der Aktualisierung t_A und des Zeitpunktes des Beginns der Materialentsorgungsvorgänge t_E. KZV wird ebenfalls bei jedem Einlagerungsvorgang für alle im Lager befindlichen SMD-Gebinde erhoben, da diese der Fertigung zur Verfügung stehen, unabhängig davon, ob das Digitale Abbild der Realität entspricht oder nicht. KZV wird nur für die Anzahl SMD-Gebinde erhoben, deren Digitales Abbild bereits eine Aktualisierung erfahren hat. Nicht aktualisierte SMD-Gebinde beeinflussen bereits KM negativ und für sie kann noch kein Zeitpunkt der Aktualisierung angegeben werden. Anschließend wird durch die Anzahl der Einlagerungsvorgänge m dividiert und somit der Mittelwert zur abschließenden Bewertung errechnet.

3.1.4 Kennzahlensystem und Darstellung

Um im späteren Verlauf die untersuchten Szenarien zügig und intuitiv vergleichen zu können, wird das nachfolgende Kennzahlensystem (siehe Tabelle 7) genutzt.

Tabelle 7: Kennzahlensystem unter Angabe des Messobjekts, der Tendenz und des bestmöglichen Werts, falls anwendbar; PLD1: Mittlerer Durchführungszeitanteil; D: Durchsatz; RG: Rüstgrad; TN: technischer Nutzgrad; KM: Kennzahl für Mengenabweichung; KZV: Kennzahl für den zeitlichen Verzug

Kennzahl	Messobjekt	Tendenz
PLD 1	Produktionssystem	Je größer desto besser
D	Produktionssystem	Je größer desto besser
RG	Produktionszelle	Je kleiner desto besser
TN	Produktionszelle	Je größer desto besser
KM	Digitales Abbild	Je kleiner desto besser
KZV	Digitales Abbild	Je kleiner desto besser

Die Darstellung der Kennzahlen soll zum Vergleich der untersuchten Szenarien für die Kennzahlen, die das Produktionssystem und die Produktionszelle betreffen in einem Spinnennetzdiagramm erfolgen, um die Bewertung visuell zu unterstützen. Die Kennzahlen mit dem Messobjekt Digitales Abbild werden als Zahlenwert in der rechten oberen Ecke der Spinnennetzdiagramme aufgezeichnet, da sie eine deutlich höhere Sensitivität aufweisen und in einem gemeinsamen Spinnennetzdiagramm nicht zu erkennen wären. Bei den beispielhaften Diagrammen wird auf eine Angabe der Skala verzichtet, da die Abbildungen lediglich der Erläuterung der graphischen Aufbereitung dienen.

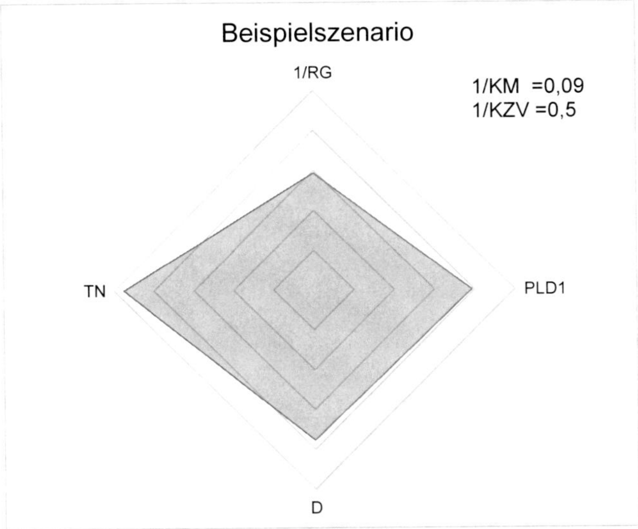

Abbildung 20: Darstellung der Kennzahlen in einem Spinnennetzdiagramm (RG: Rüstgrad; TN: technischer Nutzgrad; D: Durchsatz; PLD1: mittlerer Durchführungszeitanteil; KM: Kennzahl für Mengenabweichungen; KZV: Kennzahl für den zeitlichen Verzug)

Als Hilfestellung für die spätere Gegenüberstellung der Szenarien werden die Kennzahlen mit den Kennzahlen, die im ersten Versuchslauf für das Ausgangsszenario ermittelt werden, normiert. Bei Kennzahlen, die eine Verbesserung beschreiben, wenn der Messwert kleiner wird, ist in den Spinnennetzdiagrammen der Kehrwert aufgetragen. Somit gilt der einfache Zusammenhang: Je größer die Fläche desto besser, je kleiner die Fläche desto schlechter (siehe Abbildung 21).

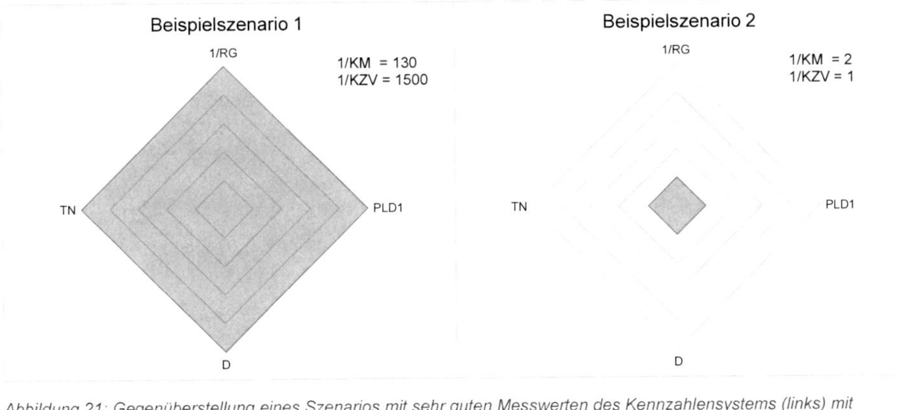

Abbildung 21: Gegenüberstellung eines Szenarios mit sehr guten Messwerten des Kennzahlensystems (links) mit einem Kennzahlensystem eines Szenarios mit schlechten Messwerten (rechts); ((RG: Rüstgrad; TN: technischer Nutzgrad; D: Durchsatz; PLD1: mittlerer Durchführungszeitanteil; KM: Kennzahl für Mengenabweichungen; KZV: Kennzahl für den zeitlichen Verzug)

3.1.5 Strukturkennzahlen

Zur Charakterisierung der betrachteten Produkte und der daraus folgenden Lagerhaltung werden Strukturkennzahlen herangezogen, die keiner Veränderung unterliegen und zu Beginn der Untersuchung einmalig für den Untersuchungsgegenstand definiert werden. Die Nutzung Digitaler Abbilder hat keinen Einfluss auf die Strukturkennzahlen, sodass eine reine Aufzählung vorgenommen wird. Genauere Definitionen finden sich in Kapitel 2.1.4. Es werden in der industriellen Erprobung die Kennzahlen PS 1, PS 2 und PS 3 ermittelt.

3.2 Definition der Eingangsgrößen

Nachfolgend werden die benötigten Eingangsgrößen des Simulationsmodells beschrieben, das Teil des in der vorliegenden Arbeit entwickelten Verfahrens ist. Es wird zwischen nicht veränderlichen Attributen und veränderlichen Parametern[62] unterschieden. Die veränderlichen Parameter bilden anschließend die Grundlage der Parametervariation in der Simulation. Es wird eine tabellarische Darstellung gewählt, um je Eingangsgröße die benötigten Daten sowie die Datenquelle zu definieren.

3.2.1 Attribute

Tabelle 8: Auflistung der nicht veränderlichen Attribute unter Nennung der Eingangsgrößen und Datenquellen

Zu beschreibende Größe	Attribute	Datenquelle
Produkteigenschaften	• Menge der Zugangsmaterialien • Art der Zugangsmaterialien • Beidseitige Bestückung j/n • Mehrfachnutzen j/n	• ERP[63] (Stücklisten) • Datenbank ASM[64] (Bestückprogramme je Maschine)
Produktionszeiten	Produktionszeit für Produkt	Datenbank ASM (Bestückprogramme je Maschine)
Interne Rüstzeiten	• Rüstzeit für einen Feeder • Anzahl der zu rüstenden Feeder	• ERP (Stücklisten) • Eigene Messungen zur internen Rüstzeit

[62] Siehe [GUT17]S. 20
[63] Enterprise resource planning
[64] ASM Assembly Systems GmbH & Co. KG; Hersteller von Bestückmaschinen

Zeiten der MVE	Externe Rüstzeit	Eigene Messungen
Liefermengen	Liefermengen je Artikel	Datenbank Lager (Logdatei der ersten Einlagermenge)
Produktionsprogramm	• Produzierte Artikel • Losgrößen • Produktionsreihenfolge	• ERP (Fertigungsaufträge) • Zufällig festgelegte, aber dann feste Produktions-reihenfolge

Für die hier definierten Eingangsgrößen können auch andere Datenquellen herangezogen werden. Die hier genannten Datenquellen beziehen sich auf die in der Arbeit genutzten Datenquellen. Es ist anzumerken, dass im Rahmen der Simulationsexperimente unterschiedliche, zufällige Produktionsprogramme herangezogen werden, um Einflüsse der Produktionsreihenfolge ausreichend zu berücksichtigen. Die Produktionsprogramme erzeugen einen Bedarf, die Liefermengen ermöglichen eine Simulation der Lagerhaltung.

3.2.2 Parameter

Tabelle 9: Auflistung der veränderlichen Eingangsgrößen unter Nennung der Eingangsgrößen und Datenquellen

Zu beschreibende Größe	**Parameter**	**Datenquelle**
Quantitative Faktoren der Bestandsführung	• Beachtung der realen Menge auf dem Gebinde (P1) Zur Berechnung benötigt: • Theoretische Menge	• Bauteilzähler (Zählergebnis) • ERP (Korrekturbuchungen; resultieren aus Zählergebnis) • ERP (Stücklisten) • Datenbank ASM (Bestückprogramme je Maschine) • Datenbank Lager (Logdatei der ersten Einlagermenge, Logdatei der aktuellen Lagermenge)

Zeitliche Faktoren der Bestandsführung	• Zeitdifferenz bis zur Aktualisierung des Digitalen Abbilds des Gebindes (P2) Zur Berechnung benötigt • Zeitpunkt des vollendeten Abrüstens	• ERP (Zeitdifferenz zwischen Verbrauchsbuchung und Korrekturbuchung) • Datenblatt des Bauteilzählers • Eigene Messungen zur internen Rüstzeit
Zeiten der MVE	• Auslagerzeit (P3) • Einlagerzeit (P4) • Beachtung Digitales Abbild Produkt (FBG) (P5) • Zählzeit (P6)	• Eigene Messungen • Datenblatt des Lagersystems • Eigene Messungen • Datenblatt des Lagersystems • Eigene Messungen zur Sortierzeit • Eigene Messungen • Datenblatt des Bauteilzählers

Die veränderlichen Eingangsgrößen unterliegen einer Variation bei der Bildung unterschiedlicher Szenarien im Hinblick auf den Nutzen des Digitalen Abbilds bzw. implementierter Automatisierung. Teils werden die aufgeführten Größen lediglich zur Berechnung parameterbezogener Kennzahlen benötigt. Sie sind dadurch kenntlich gemacht, dass sie keine Parameterbezeichnung $P_{1...6}$ besitzen.

Um den Einfluss verschiedener, zufälliger Produktionsreihenfolgen und die darauf resultierenden Rüstvorgänge und Lagerhaltung bewerten zu können, wird innerhalb eines Szenarios mit unterschiedlichen, zufälligen Produktionsreihenfolgen simuliert. Die Reihenfolge wird nicht bewusst parametrisiert. Es findet kein optimierender Eingriff (z.B. Losbildung) statt, sondern es wird zufällig in die Produktion eingelastet. Die Produktionsreihenfolge ist demnach als Attribut zu behandeln, das innerhalb eines Simulationsexperiments keinen Eingriff von außen erfährt.

3.3 Zusammenfassung des Kapitels

In diesem Kapitel wurde das Verfahren zur Bewertung der Auswirkung Digitaler Abbilder in der Elektronikproduktion vorgestellt und mit einem Kennzahlensystem aus sechs Kennzahlen versehen. Zwei der Kennzahlen betreffen das Messobjekt Produktionszelle, zwei Kennzahlen das Messobjekt Produktionssystem und weitere zwei Kennzahlen das

Messobjekt des Digitalen Abbilds an sich. Somit ist eine umfassende Bewertung sowohl auf das Zielsystem der Produktion als auch des Digitalen Abbilds an sich gewährleistet. Es wurde eine Darstellung der Kennzahlen in einem Spinnennetzdiagramm vorgestellt, wobei eine Vergrößerung der eingezeichneten Flächen eine positive Entwicklung, eine Verkleinerung der eingezeichneten Flächen eine negative Entwicklung beschreibt.

Abbildung 22 zeigt zusammenfassend die Attribute des Modells sowie die Modellbestandteile, die durch die Attribute charakterisiert werden. Die Produktionszeit für ein Produkt, die Rüstzeit für einen Feeder und die Anzahl der zu rüstenden Feeder haben einen Einfluss auf die Produktionszelle. Die Menge an Zugangsmaterialien, die Art der Zugangsmaterialien, die Information ob eine beidseitige Bestückung und/ oder ein Mehrfachnutzen vorliegt beschreiben das Produkt. Die externe Rüstzeit hat einen Einfluss auf die Materialver- und Entsorgung. Neben diesen Größen werden noch die Liefermengen zur initialen Bestimmung des Lagerinhaltes bei der Materialversorgung, die produzierten Artikel mit ihren Losgrößen sowie die Produktionsreihenfolge benötigt.

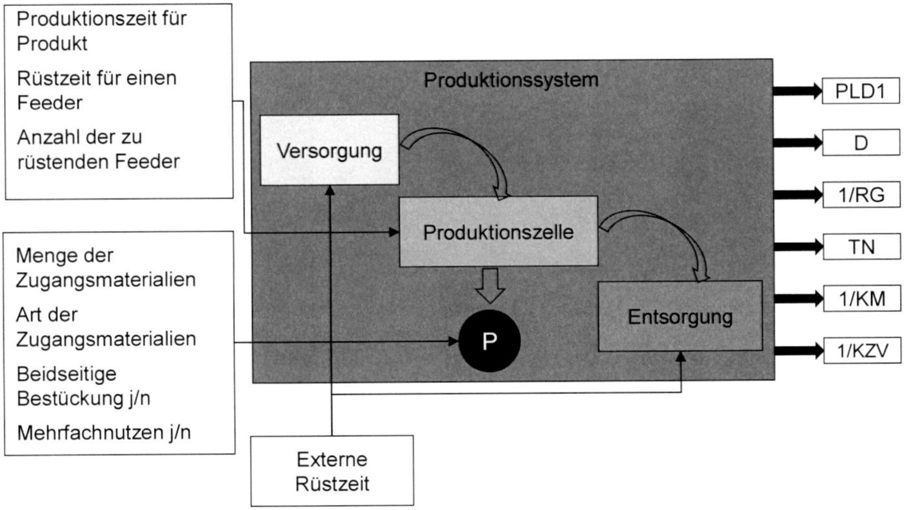

Abbildung 22: Zusammenfassung der Attribute; P: Produkt; die Pfeile im Produktionssystem kennzeichnen den Materialfluss; PLD1: Mittlerer Durchführungszeitanteil; RG: Rüstgrad; D: Durchsatz; TN: Technischer Nutzgrad; KM: Kennzahl für Mengenabweichung; KZV: Kennzahl für zeitlichen Verzug;

Abbildung 23 fasst in derselben Art die Parameter zusammen, die in den nachfolgenden Experimenten variiert werden. Die Auslagerzeit und die Entscheidung, ob das Digitale Abbild des Produkts beachtet wird beeinflusst die Materialversorgung. Die Entscheidung, ob die reale Menge auf dem Gebinde beachtet wird, hat einen Einfluss auf die Materialentsorgung. Wird die reale Menge auf dem Gebinde beachtet, hat wiederum die Zählzeit sowie die Zeitdifferenz bis zur Aktualisierung des Digitalen Abbilds des Gebindes eine Auswirkung auf die Materialentsorgung. Die Materialentsorgung wird ebenso durch die Einlagerzeit beeinflusst.

Das Produkt und die Produktionszelle werden durch die Parametervariation nicht direkt beeinflusst.

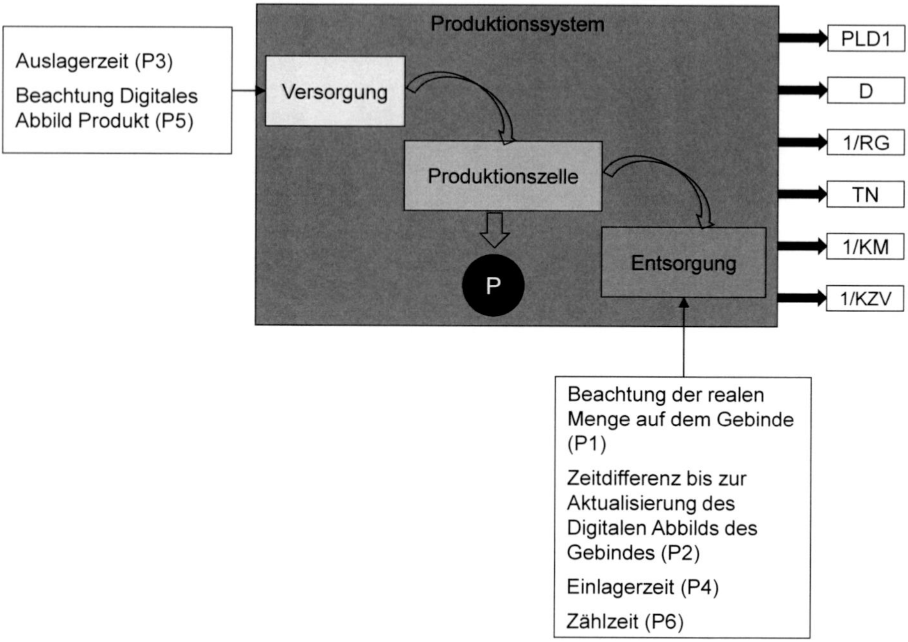

Abbildung 23: Zusammenfassung der Parameter; P: Produkt; die Pfeile im Produktionssystem kennzeichnen den Materialfluss; PLD1: Mittlerer Durchführungszeitanteil; RG: Rüstgrad; D: Durchsatz; TN: Technischer Nutzgrad; KM: Kennzahl für Mengenabweichung; KZV: Kennzahl für zeitlichen Verzug;

4 Modellformalisierung, simulationsgestützte Beschreibung und Versuchsplanung

In der vorliegenden Arbeit wird die ereignisdiskrete Simulation in der Umgebung Tecnomatix Plant Simulation Version 12.2.0 umgesetzt. Nachfolgend wird zunächst ein formales Modell gemäß VDI-Richtlinie 3633 Blatt 1 beschrieben, für das anschließend die Implementierung im Simulationswerkzeug aufgezeigt wird [VDI14]. Hierbei wird auf die Umsetzung im Simulationswerkzeug eingegangen. Nach der Darstellung der Parameter und Attribute in der Simulation erfolgt das Ableiten eines Versuchsplans und die Beschreibung der zu untersuchenden Szenarien. Die untersuchten Szenarien werden mit Prozessflüssen und Zeitstrahlen visualisiert, die die veränderlichen Parameter ausweisen.

4.1 Modellformalisierung

Bevor auf die Umsetzung des Modells in der Simulationsumgebung eingegangen wird, wird in diesem Abschnitt der formale Modellaufbau aufgezeigt. Grundlage hierfür bildet die Abbildung 24, anhand derer das formale Modell beschrieben wird.

Im Zentrum der Darstellung findet sich das Produktionssystem mit seinen Teilbereichen Versorgung, Produktionszelle und Entsorgung. Ebenso ist das Lager eingezeichnet, auf das während der Versorgung und Entsorgung zugegriffen wird. Die Produktionszelle wird in i Bestückautomaten B und i Warteschlangen W aufgeteilt, die die Verkopplung der Bestückautomaten gewährleisten. Umgeben wird das Produktionssystem von einem Datenhaltungsbereich, der die wesentlichen Informationen für das Produktionssystem bereitstellt. Informationen, die aus den Datenquellen (in der Darstellung Datenbanksymbole) gewonnen werden, sind mit gestrichelten Linien umrandet. Hat die Information einen Einfluss auf einen Bestandteil des Produktionssystems oder auf das Produktionssystem selbst, wird dies durch dieselbe Hintergrundfarbe gekennzeichnet. Fließen Informationen aus verschiedenen Datenquellen zusammen, ist dies durch Pfeile kenntlich gemacht. Die Parameter des Modells sind durch $P_{1...6}$ gekennzeichnet.

Da die Datenstruktur um das Produktionssystem von einer hohen Komplexität gekennzeichnet ist, beschreibt Abbildung 24 einen störungsfreien Ablauf für ein Produkt und einen Fertigungsauftrag des Produktionsprogramms, lediglich die Materialbedarfsermittlung erfolgt für ein komplettes Produktionsprogramm. In der späteren Ausführung wird dieser Ablauf für eine Vielzahl von Produkten und Fertigungsaufträgen hintereinander stattfinden und nichtvorhandene Verfügbarkeit von Zugangsmaterialen wird zu störungsbedingten Unterbrechungen führen. In der schematischen Darstellung wird darauf verzichtet dies darzustellen, um das Verständnis der Modelllogik zu erleichtern. Im beschreibenden Text wird auf störungsbedingte Unterbrechungen eingegangen.

Bei der Beschreibung des formalen Modells wird chronologisch von der Materialbedarfsermittlung bis zum fertigen Produkt und erfolgter Materialrücklagerung vorgegangen. Die Produkte an sich werden am Anfang erzeugt und am Ende vernichtet und haben keinen Bestand im Modell. Durch die geringe Komplexität der Logistik bei der Handhabung der Leiterplatten werden diese lediglich als Träger der Bauelemente behandelt und nicht näher betrachtet. In der Abbildung 24 vorhandene Bausteine sind kursiv gedruckt.

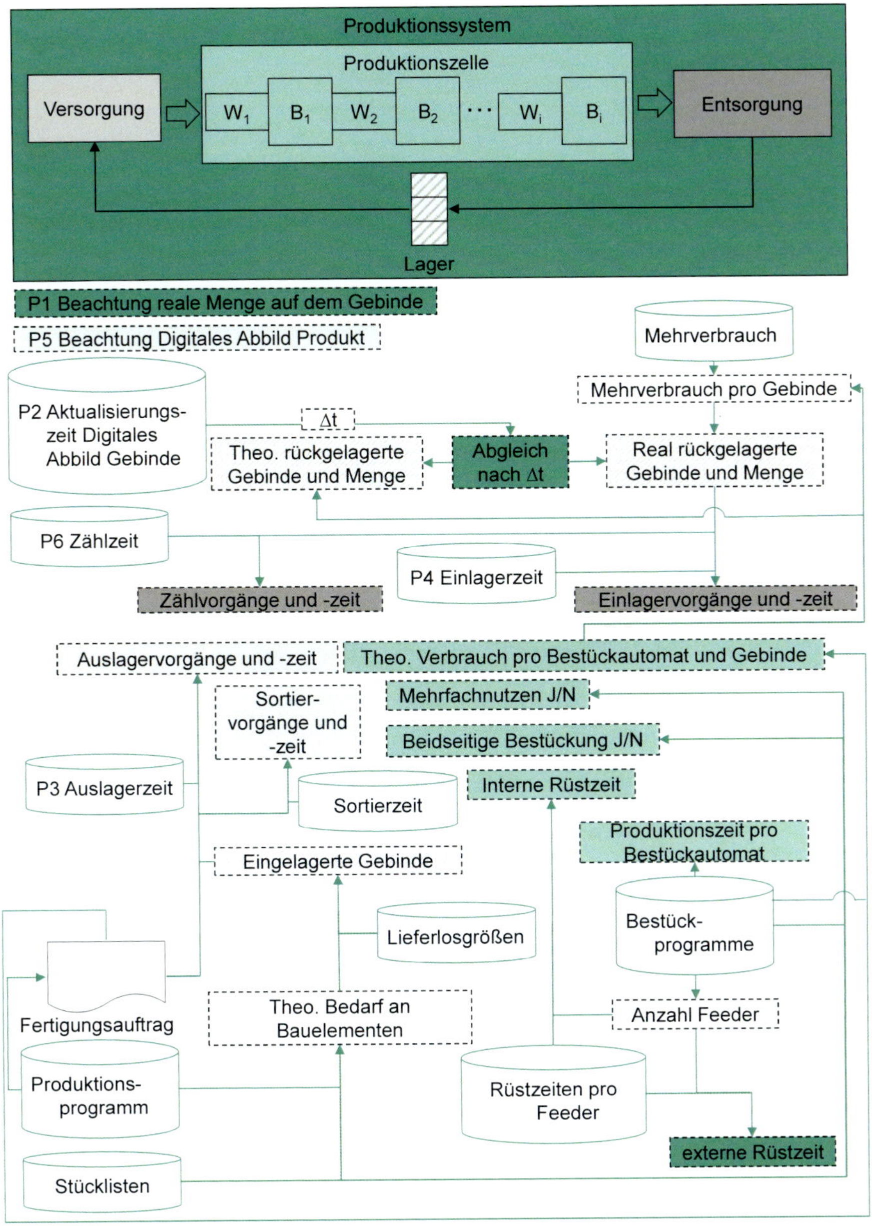

Abbildung 24: Formales Modell; B_i bezeichnet die Bestückautomaten, W_i die Warteschlangen

4.1.1 Produktionssystem: Versorgung

Materialbereitstellung

Zunächst errechnet sich aus der *Stückliste* des Produkts und dem *Produktionsprogramm* ein *theoretischer Bedarf* an Zugangsmaterialien, im vorliegenden Fall Bauelemente unterschiedlicher Artikelnummern. Da die Bauelemente nicht als Einzelteile geliefert werden, wird der Bedarf mit möglichen *Lieferlosgrößen* abgeglichen und eine optimale Gebindekombination im *Lager* als *eingelagerte Gebinde* bereitgestellt. Dieser Vorgang findet für alle Fertigungsaufträge des *Produktionsprogramms* statt, bis der *theoretische Bedarf* gedeckt ist.

Auslagerung und Sortieren

Aus dem *Produktionsprogramm* wird ein *Fertigungsauftrag* entnommen, der eine Stückzahl für ein zu fertigendes Produkt enthält und somit den Materialbedarf definiert. In Kombination mit den im *Lager* zur Verfügung stehenden Gebinden wird die Anzahl der *Auslagervorgänge* berechnet. Durch das Hinzuziehen der *Auslagerzeit (P3)* für ein Gebinde wird eine *Auslagerzeit für den Fertigungsauftrag* ermittelt. Das Auslagern kennzeichnet den Beginn der Fertigung. Die *Beachtung des Digitalen Abbilds des Produkts (P5)* entscheidet, ob ein Sortieren der Gebinde nach dem Auslagern erfolgen muss. Wenn dies der Fall ist, errechnet sich durch die Anzahl der ausgelagerten Gebinde, die Anzahl der *Sortiervorgänge* und durch das Hinzuziehen der *Sortierzeit* für ein Gebinde die *Sortierzeit für den Fertigungsauftrag.*

Externes Rüsten

Aus der Datenquelle *Rüstzeit pro Feeder* wird die Zeit für das Einfädeln eines Gebindes auf einen Feeder entnommen und mit der *Anzahl der Feeder* verrechnet. Hieraus ergibt sich eine *externe Rüstzeit* für den Fertigungsauftrag.

4.1.2 Produktionszelle: Fertigung

Internes Rüsten

Aus der Datenquelle *Rüstzeit pro Feeder* wird die Zeit für den Einbau bzw. Ausbau eines Feeders in den Bestückautomaten entnommen und mit der *Anzahl der Feeder* verrechnet. Hieraus ergibt sich eine *interne Rüstzeit* für den Fertigungsauftrag.

Fertigen

Aus den *Bestückprogrammen* ergibt sich die *Produktionszeit pro Bestückautomat* für ein einzelnes Produkt. Diese wird den Bestückautomaten übergeben. Aus der Kombination der *Bestückprogramme* und dem *Fertigungsauftrag* wird für die Bauelemente der *theoretische Verbrauch pro Bestückautomat und Gebinde* errechnet. Ein Abgleich der verwendeten Gebinde mit der Datenquelle für *Mehrverbrauch* bestimmter Bauelemente erlaubt die Bestimmung des *Mehrverbrauchs pro Gebinde*, der nicht datentechnisch erfasst ist und nicht durch den *theoretischen Bedarf an Bauelementen* gedeckt ist. Der Abgleich von Stücklisten und Bestückprogrammen erlaubt die Ableitung, ob eine *beidseitige Bestückung* und/ oder ein *Mehrfachnutzen* vorliegt.

4.1.3 Produktionssystem: Entsorgung

Externes Rüsten

Aus der Datenquelle *Rüstzeit pro Feeder* wird die Zeit für das Abfädeln eines Gebindes auf einen Feeder entnommen und mit der *Anzahl der Feeder* verrechnet. Hieraus ergibt sich eine *externe Rüstzeit* für den Fertigungsauftrag.

Zählen

Findet eine *Beachtung der realen Menge auf dem Gebinde (P1)* statt, errechnet sich aus den *real rückgelagerten Gebinden und Mengen* unter Beachtung der *Zählzeit (P6)* pro Gebinde eine Anzahl der *Zählvorgänge* sowie eine *Zählzeit* für den Fertigungsauftrag.

Einlagern und Bestandskorrektur

Durch die *real rückgelagerten Gebinde und Menge* wird die Anzahl der *Einlagervorgänge* berechnet. Durch das Hinzuziehen der *Einlagerzeit (P4)* für ein Gebinde wird eine *Einlagerzeit für den Fertigungsauftrag* ermittelt. Das Einlagern kennzeichnet das Ende der Fertigung. Falls eine *Beachtung der realen Menge auf dem Gebinde (P1)* erfolgt, wird der Zeitraum Δt bis zum *Abgleich nach* Δt der *theoretisch rückgelagerten Gebinde und Menge* und der *real rückgelagerten Gebinde und Menge* aus der Datenquelle *Aktualisierungszeit Digitales Abbild Gebinde (P2)* entnommen. Δt wird nicht der Durchlaufzeit zugerechnet, da diese mit der Einlagerung des letzten Materials endet.

4.1.4 Ergebnisdaten

Als Abschluss dieses Abschnitts wird die Ableitung für die Berechnung der vorgestellten Kennzahlen aus dem Produktionssystem beschrieben. Die Darstellung in Abbildung 25 dient der Visualisierung, im späteren Modell werden die Daten im Hintergrund zu Kennzahlen verrechnet, mit dem Ausgangszustand normiert und am Ende des Experiments ausgegeben.

Obenstehend findet sich in Abbildung 25 erneut das Produktionssystem mit seinen Komponenten. Die im Modell gemessenen Zeiten finden sich unter dieser Darstellung. Die Herkunft der Kennzahl ist erneut durch dieselbe Hintergrundfarbe gekennzeichnet[65]. Fließen Größen zu einer Kennzahl zusammen, wird dies durch Pfeile ersichtlich. Die genaue Berechnung findet sich in Kapitel 3.1.

[65] Dunkelgrün für Produktionssystem, hellgrün für Produktionszelle

Die Darstellung ermöglicht es, auf einen Blick zu erkennen, auf welche Einflüsse die Kennzahlen sensitiv reagieren. Im folgenden Text werden die Kennzahlen von links nach rechts beschrieben und es wird auf ihre Sensitivitäten eingegangen.

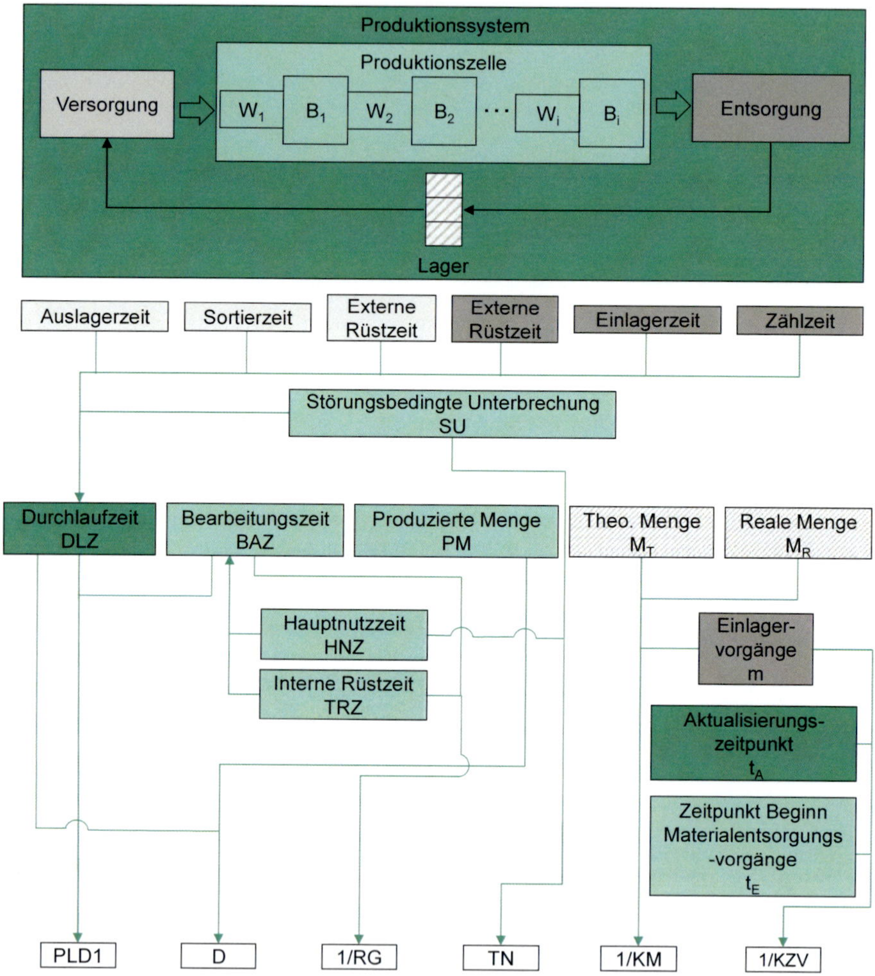

Abbildung 25: Visualisierung der Berechnung der Kennzahlen zur Verdeutlichung der Sensitivitäten (RG: Rüstgrad; TN: technischer Nutzgrad; D: Durchsatz; PLD1: mittlerer Durchführungszeitanteil; KM: Kennzahl für Mengenabweichungen; KZV: Kennzahl für den zeitlichen Verzug)

PLD1: mittlerer Durchführungszeitanteil

Die Kennzahl berechnet sich aus der Durchlaufzeit und der Bearbeitungszeit. In die Durchlaufzeit fließen wiederum die Bearbeitungszeit, die störungsbedingten

Unterbrechungen und alle Zeiten der MVE ein. Die Bearbeitungszeit beinhaltet ihrerseits die interne Rüstzeit sowie die Hauptnutzzeit. Die interne Rüstzeit sowie die Hauptnutzzeit unterliegen im Modell keinen Veränderungen. Es fallen jedoch erhöhte interne Rüstzeiten an, sobald eine störungsbedingte Unterbrechung auftritt, die ein Nachrüsten erforderlich macht. Somit reagiert die Kennzahl sensitiv auf störungsbedingte Unterbrechungen sowie die Zeiten der MVE. Sie schafft Transparenz hinsichtlich des Anteils der Durchlaufzeit, der tatsächlich für die Bearbeitung der Produktionsaufträge benötigt wird. Bewertet wird das Produktionssystem.

D: Durchsatz

Der Durchsatz berechnet sich aus der produzierten Menge und der gesamten Durchlaufzeit. Die Durchlaufzeit errechnet sich aus der Zeit vom ersten Auslagerungsvorgang bis zum letzten Einlagerungsvorgang. Die Bearbeitungszeit beinhaltet ihrerseits die interne Rüstzeit sowie die Hauptnutzzeit. Die interne Rüstzeit sowie die Hauptnutzzeit unterliegen im Modell keinen Veränderungen. Es fallen jedoch erhöhte interne Rüstzeiten an, sobald eine störungsbedingte Unterbrechung auftritt, die ein Nachrüsten erforderlich macht. Die produzierte Menge unterliegt im Modell keinen Veränderungen. Somit reagiert die Kennzahl sensitiv auf störungsbedingte Unterbrechungen sowie die Zeiten der MVE. Sie schafft Transparenz hinsichtlich der Menge, die während der Durchlaufzeit produziert wird. Bewertet wird das Produktionssystem.

1/RG: 1/Rüstgrad

In die Kennzahl fließen die Bearbeitungszeit und die interne Rüstzeit ein. Die Bearbeitungszeit beinhaltet ihrerseits die interne Rüstzeit sowie die Hauptnutzzeit. Die interne Rüstzeit sowie die Hauptnutzzeit unterliegen im Modell keinen Veränderungen. Es fallen jedoch erhöhte interne Rüstzeiten an, sobald eine störungsbedingte Unterbrechung auftritt, die ein Nachrüsten erforderlich macht. Somit reagiert die Kennzahl sensitiv auf störungsbedingte Unterbrechungen. Sie schafft Transparenz hinsichtlich des Anteils an der Bearbeitungszeit, der für Rüstvorgänge anfällt. Bewertet wird die Produktionszelle.

TN: technischer Nutzgrad

In diese Kennzahl fließen die Hauptnutzzeit sowie die Zeiten für störungsbedingte Unterbrechungen ein. Eine störungsbedingte Unterbrechung ist in der Arbeit der Anteil der Zeit, der bei einer mangelnden Verfügbarkeit von Material verstreicht, bis das angeforderte Material an der Linie eintrifft und mit dem internen Rüsten begonnen werden kann. Die Hauptnutzzeit unterliegt im Modell keinen Veränderungen. Somit reagiert die Kennzahl sensitiv auf die störungsbedingten Unterbrechungen. Sie schafft Transparenz über das Verhältnis zwischen Hauptnutzzeit und störungsbedingten Unterbrechungen. Bewertet wird die Produktionszelle.

1/KM: 1/Kennzahl für Mengenabweichung

In diese Kennzahl fließt die theoretische Menge, die reale Menge sowie die Zahl der Einlagerungsvorgänge ein. Die theoretische Menge beschreibt die nach Stücklisten und

Produktionsprogramm verbrauchten Mengen. In den realen Mengen werden die durch Mehrverbräuche verursachten Bestandsminderungen berücksichtigt, die durch das Zählen erfasst werden. Zwischen den theoretischen Mengen und den realen Mengen findet, falls ein Zählen stattfindet, ein Abgleich statt, sodass die theoretischen Mengen für die gezählten Gebinde nach einer Zeit Δt an die realen Mengen angeglichen werden. Bei jedem Einlagervorgang m wird die Kennzahl erhoben und am Ende des Experiments gemittelt ausgegeben. Bewertet werden die Digitalen Abbilder des Gebindes.

1/KZV: 1/Kennzahl für den zeitlichen Verzug

In diese Kennzahl fließt die Zeitdifferenz zwischen dem Beginn der Materialentsorgungsvorgänge und der Aktualisierung der Menge auf dem Gebinde ein. Bei jedem Einlagervorgang m wird die Kennzahl erhoben und am Ende des Experiments gemittelt ausgegeben. Bewertet werden die Digitalen Abbilder der Gebinde.

4.2 Simulationsgestützte Beschreibung

4.2.1 Umsetzung der Produktionszelle

Die untersuchte Produktionszelle besteht aus vier Bestückautomaten, die in Reihe geschaltet sind. Die Bestückautomaten sind mit Puffern der Kapazität 1 verbunden, die die kurzen Fließbänder zwischen den Bestückautomaten repräsentieren. Je nach gefertigter FBG kann eine einseitige oder zweiseitige Bestückung vorliegen. Falls eine zweiseitige Bestückung vorliegt, werden die FBG mittels einer Flusssteuerung in einen Puffer (Puffer 3) gelenkt und nach Ende der Bestückung der ersten Seite erneut der Linie zugeführt. Die Umsetzung in der Simulationsumgebung ist in Abbildung 26 zu sehen.

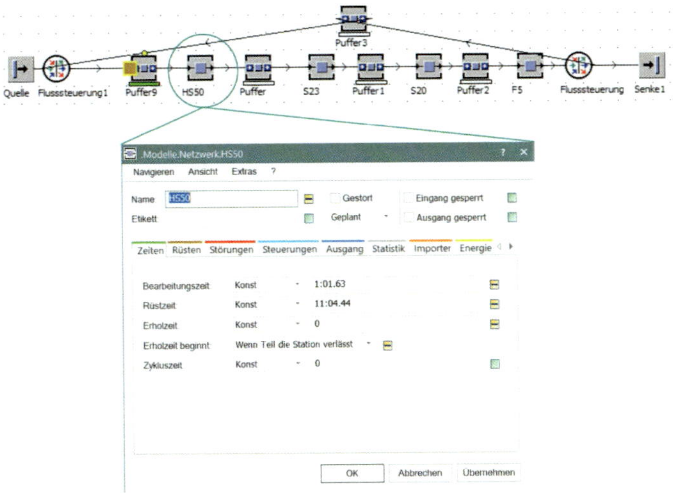

Abbildung 26: Produktionszelle in der Simulationsumgebung

Das Verhalten der Produktionszelle wird durch Attribute beschrieben, auf die während der Experimente kein Einfluss genommen wird. Hierzu zählen die Bearbeitungszeiten sowie die Rüstzeiten. Die Bearbeitungszeiten sind durch die Bestückprogramme der Linien vorgegeben und werden im Simulationsmodell in Tabellen hinterlegt. Zwar kann die Bearbeitung durch störungsbedingte Unterbrechungen aufgrund nicht verfügbaren Materials unterbrochen werden, die Bearbeitungszeit an sich bleibt aber konstant. Die Rüstzeiten (Auf- sowie Abrüsten) berechnen sich aus der Anzahl der zu rüstenden Komponenten für das zu erzeugende Produkt und der gemessenen Zeiten, die das Rüsten einer Komponente benötigt. Die Zeiten unterliegen im Simulationsverlauf einer Varianz, werden jedoch nicht, beispielsweise aufgrund von Rüstoptimierungen, beeinflusst. Bei Nichtverfügbarkeit von Material fallen zusätzliche Rüstvorgange an, denen andere Zeiten zugrunde liegen, da sich beim Nachrüsten der Arbeitsinhalt unterscheidet[66]. Die gemessenen Zeiten der Rüstvorgänge sind in Tabellenform im Modell hinterlegt, siehe Abbildung 27.

[66] Es muss lediglich ein neues Gebinde aufgefädelt werden, der Feeder muss nicht erneut in den Bestückautomaten eingesetzt werden

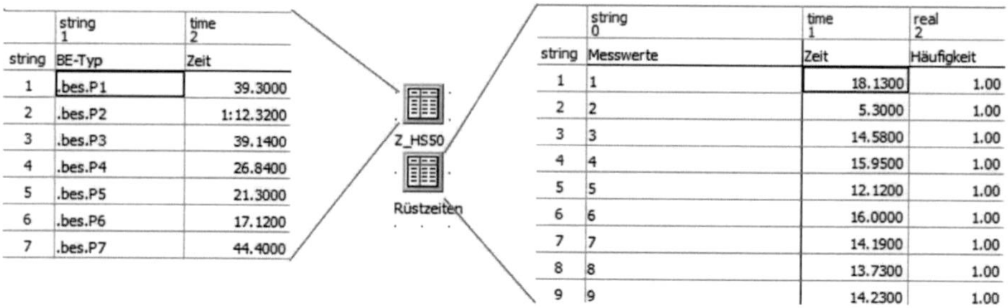

	string 1	time 2
string	BE-Typ	Zeit
1	.bes.P1	39.3000
2	.bes.P2	1:12.3200
3	.bes.P3	39.1400
4	.bes.P4	26.8400
5	.bes.P5	21.3000
6	.bes.P6	17.1200
7	.bes.P7	44.4000

	string 0	time 1	real 2
string	Messwerte	Zeit	Häufigkeit
1	1	18.1300	1.00
2	2	5.3000	1.00
3	3	14.5800	1.00
4	4	15.9500	1.00
5	5	12.1200	1.00
6	6	16.0000	1.00
7	7	14.1900	1.00
8	8	13.7300	1.00
9	9	14.2300	1.00

Abbildung 27: Rüst- und Bearbeitungszeiten in der Simulationsumgebung

4.2.2 Umsetzung des Produktionssystems

Das Produktionssystem umfasst die Vorgänge der MVE, die im Fokus der vorliegenden Arbeit stehen. Im Simulationsmodell werden diese Vorgänge ausschließlich durch Berechnungen im Hintergrund abgebildet, da bei diesen Vorgängen kein diskretes Produkt bewegt wird. Die Vorgänge der MVE finden vor oder nach der Fertigung der Produkte in der Produktionszelle statt. Die veränderlichen Parameter umfassen die Einlagerzeit, die Auslagerzeit sowie die Zählzeit für ein Gebinde. Je nach Szenario sind im Simulationsmodell Messungen in Tabellen hinterlegt und werden in den Simulationsläufen zufällig ausgewählt oder es liegt eine feste Zeit, insbesondere bei Szenarien mit automatisierten Schritten vor, die ebenfalls im Simulationsmodell hinterlegt ist. Beispiele hierfür finden sich in Abbildung 28.

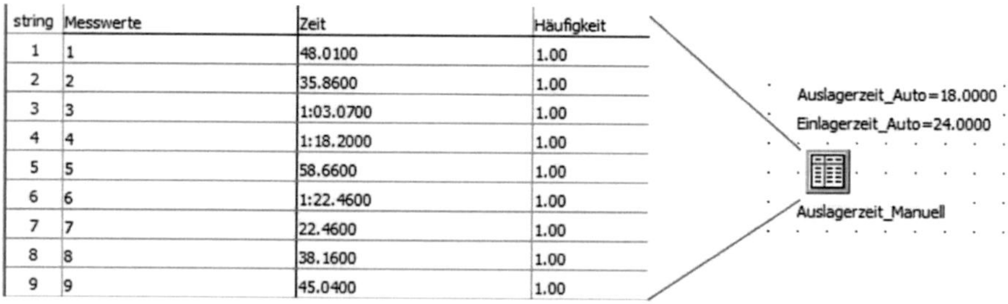

string	Messwerte	Zeit	Häufigkeit
1	1	48.0100	1.00
2	2	35.8600	1.00
3	3	1:03.0700	1.00
4	4	1:18.2000	1.00
5	5	58.6600	1.00
6	6	1:22.4600	1.00
7	7	22.4600	1.00
8	8	38.1600	1.00
9	9	45.0400	1.00

Abbildung 28: Ein- und Auslagerzeiten in der Simulationsumgebung

Die Zeiten für Ein- und Auslagerung sowie Zählvorgänge ergeben sich aus der Zahl zu bewegender Gebinde für die Produktion eines Loses. Hierbei wird beachtet, dass Gebinde, die verbraucht sind, weder gezählt noch eingelagert werden. Ebenso wird die Nachlieferung eines Gebindes beachtet, falls bei laufender Fertigung ein Gebinde leer wird und ein Restbedarf besteht. Die Simulation der Lagerhaltung erfolgt in Form einer Tabelle, ein Auszug ist in Abbildung 29 zu sehen.

Lager

string	ID	Artikel	Gebindegröße	Menge angenommen	Menge real
1	0	1050183	200	200	200
2	1	1059464	20000	20000	20000
3	2	1050213	1700	1700	1700
4	3	1050219	10596	10596	10596
5	4	1050223	1075	1075	1075
6	5	1050226	10514	10514	10514
7	6	1061787	2000	2000	2000

Abbildung 29: Lagerhaltung in der Simulationsumgebung

Vor Beginn der Simulationsläufe wird der theoretische Bedarf an Komponenten aus dem Produktionsprogramm mit den zugrundeliegenden Produkten berechnet und mit optimalen Gebindegrößen gedeckt. Datenbasis bildet eine Tabelle mit realen Liefermengen der verschiedenen Komponenten. Falls durch Mehrverbrauch die theoretisch ermittelten Gebinde nicht ausreichen, wird im Simulationsverlauf ein neues Gebinde der Komponente erzeugt, das anschließend ausgelagert und zur Verfügung gestellt werden muss. Externe Lieferzeiten liegen nicht im Fokus dieser Arbeit. Im Betrachtungsrahmen des Produktionssystems liegen ebenfalls die Sortiervorgänge nach dem Auslagern, die die Gebinde in die richtige Reihenfolge für die anschließende Rüstung bringen. Die Messwerte dieser Zeiten liegen in der Simulation in einer Tabelle vor und werden zufällig ausgewählt. Je nach Szenario können diese Zeiten entfallen.

4.2.3 Umsetzung der Digitalen Abbilder

Im Rahmen der Arbeit werden zwei digitale Abbilder betrachtet, das Abbild der zu fertigenden Produkte, also der FBG, und das Abbild der Gebinde der Komponenten. Ob das digitale Abbild der FBG betrachtet wird, äußert sich in der Simulation durch die Beachtung oder das Wegfallen der Sortierzeiten. Das Digitale Abbild der Gebinde ist durch unterschiedliche Integrationsgrade gekennzeichnet. Sie definieren sich durch die Eigenschaft, ob der Abgleich zwischen realem Gebinde und seinem Digitalen Abbild manuell oder automatisiert erfolgt und schlagen sich in den Zeiten nieder, bis ein Abgleich zwischen Realität und Digitalem Abbild erfolgt. Nicht alle Gebinde unterliegen einem Mehrverbrauch (siehe Kapitel 5.1). Findet eine Bestandskorrektur, also eine Aktualisierung des digitalen Abbilds des Gebindes statt, erfolgt dies entweder direkt mit Abschluss des Zählvorgangs (echtzeitnah) oder, bei manueller Korrektur, nach einer Zeit Δt statt. Gemessenen Zeiten werden in der Simulation in einer Tabelle hinterlegt und zufällig gewählt, um der Streuung im manuellen Prozess Rechnung zu tragen.

4.2.4 Umsetzung der Produkteigenschaften

Die Eigenschaften des Produkts (FBG) umfassen die Informationen, ob das Produkt in einem Mehrfachnutzen produziert wird, wie viele unterschiedliche Komponenten das Produkt enthält, einer Stückliste und ob eine zweiseitige Bestückung vorliegt. Die

Information des Mehrfachnutzens wird vor der Simulation verrechnet und es wird ein Produktionsprogramm mit korrigierten Losgrößen der Simulation übergeben. Bei einer benötigten Stückzahl von 40 und einem Vierfachnutzen wird beispielsweise eine Losgröße von 10 im Produktionsprogramm vorgegeben. Die weiteren, oben beschriebenen Attribute des Produkts werden in der Simulation in dessen Eigenschaften gespeichert, Abbildung 30 zeigt ein Beispiel. Während des Simulationsverlaufs kann auf sie zugegriffen werden, um abgeleitete Größen zu berechnen.

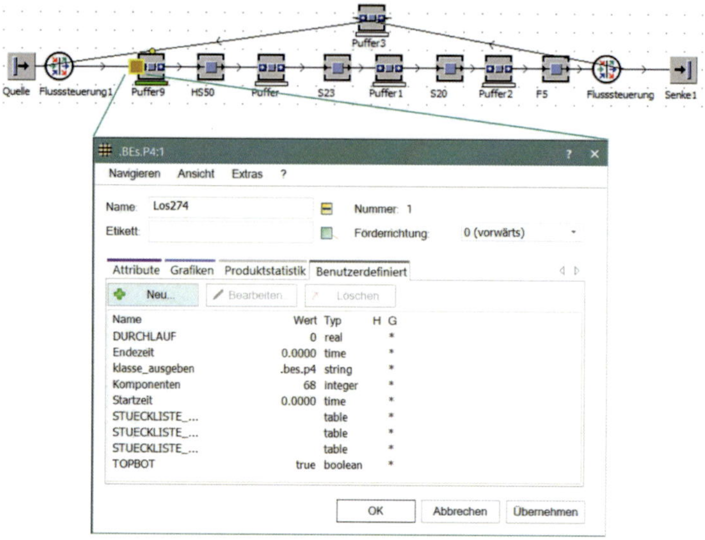

Abbildung 30: Umsetzung der Produkteigenschaften in der Simulationsumgebung

4.3 Parametervariation und Versuchsplanung

Das Modell weist sechs Parameter auf, die den drei Bereichen MVE, Bestandskorrektur und Nutzung Digitaler Abbilder der Produkte zugeordnet werden können. Die Parameter werden in Tabelle 10 dargestellt und ihre Ausprägungen sowie Auswirkungen beschrieben.

Tabelle 10: Übersicht der Parameter mit ihren Ausprägungen und Auswirkungen

Parameter	Bereich			Ausprägungen	Aus-wirkung
	MVE (Lager)	Bestands-korrektur	Nutzung Digitaler Abbilder Produkt		
P1 (Beachtung der realen Menge auf dem Gebinde)		X		Ja Nein	Wegfall des Zählens; keine Bestands-korrektur; ungeplante Stillstände
P2 (Zeit-differenz bis zur Aktuali-sierung des digitalen Abbilds des Gebindes)		X		Zeiten bei manueller Korrektur Zeiten bei automatisierter Bestandskorrektur	Verzögerung bis zur Aktualisierung des Bestandes in der Datenhaltung
P3 (Auslager-zeit)	X			Zeiten bei manueller Auslagerung Zeiten bei automatisierter Auslagerung	Verlängerung oder Verkürzung der DLZ
P4 (Einlager- zeit)	X			Zeiten bei manueller Auslagerung Zeiten bei automatisierter Auslagerung	Verlängerung oder Verkürzung der DLZ
P5 (Beachtung Digitales Abbild Produkt)			X	Ja Nein	Wegfall des Sortierens
P6 (Zählzeit)		X		Zeiten bei manueller Zählung Zeiten bei automatisierter Zählung	Verlängerung oder Verkürzung der DLZ

Die oben genannten Bereiche MVE, Bestandskorrektur und die Nutzung Digitaler Abbilder des Produkts können unterschiedlich gestaltet sein: die Lagerhaltung der MVE kann manuell oder automatisiert erfolgen (zwei Stufen), die Bestandskorrektur kann gar nicht, manuell oder automatisiert erfolgen (drei Stufen) und bestimmt damit die Integrationstiefe des Digitalen Abbilds des Gebindes. Die Nutzung der Digitalen Abbilder des Produkts kann oder kann nicht erfolgen (zwei Stufen). Somit ergeben sich drei Eingangsgrößen mit zwei (MVE Lagerhaltung), drei (Bestandskorrektur) und zwei (Nutzung des Digitalen Abbilds des Produkts) möglichen Stufen. Um die Auswirkungen der verschiedenen Maßnahmen vollumfänglich bewerten zu können, wird in der Arbeit ein vollfaktorieller Versuchsplan verwendet. Es ergeben sich somit zwölf mögliche Szenarien, die durch die in Tabelle 11 beschriebenen Parametersets definiert sind. Ein Pluszeichen symbolisiert einen größeren Wert des Parameters, bspw. einer Auslagerzeit, ein Minuszeichen einen kleineren Wert. Parameter, die mit n.a. gekennzeichnet sind, kommen im Szenario nicht zum Tragen, zum Beispiel kann keine Zählzeit P6 definiert werden, wenn die Beachtung der realen Menge des Gebindes P1 mit nein definiert ist.

Tabelle 11: Vollfaktorieller Versuchsplan unter Angabe der Parametersets

Szenario	Bereich			Parameter					
	MVE (Lagerhaltung)	Bestandskorrektur (Integrationstiefe Digitales Abbild Gebinde)	Nutzung Digitaler Abbilder Produkt	P1 (Beachtung der realen Menge auf dem Gebinde)	P2 (Zeitdifferenz bis zur Aktualisierung des digitalen Abbildes des Gebindes)	P3 (Auslagerzeit)	P4 (Einlagerzeit)	P5 (Beachtung Digitales Abbild Produkt)	P6 (Zählzeit)
A	Manuell	keine	Nein	Nein	n.a.	+	+	Nein	n.a.
B	Manuell	Manuell	Nein	ja	+	+	+	Nein	+
C	Manuell	Automatisiert	Nein	ja	-	+	+	Nein	-
D	Manuell	keine	Ja	Nein	n.a.	+	+	Ja	n.a.
E	Manuell	Manuell	Ja	ja	+	+	+	Ja	+
F	Manuell	Automatisiert	Ja	ja	-	+	+	Ja	-
G	Automatisiert	keine	Nein	Nein	n.a.	-	-	Nein	n.a.
H	Automatisiert	Manuell	Nein	ja	+	-	-	Nein	+
I	Automatisiert	Automatisiert	Nein	ja	-	-	-	Nein	-
J	Automatisiert	keine	Ja	Nein	n.a.	-	-	Ja	n.a.
K	Automatisiert	Manuell	Ja	ja	+	-	-	Ja	+
L	Automatisiert	Automatisiert	Ja	ja	-	-	-	Ja	-

Um die Abgrenzung der einzelnen Szenarien zu verdeutlichen, wird nachfolgend anhand von Flussdiagrammen aufgezeigt, welche Auswirkungen die Parametersets auf die Fertigung haben.

4.4 Beschreibung der abgeleiteten Szenarien

Bevor auf die Szenarien im Einzelnen eingegangen wird, findet sich in Tabelle 12 ein Überblick zu den Ausprägungen der Parameter. Ein Pluszeichen kennzeichnet die im Vergleich längere Zeit, ein Minuszeichen die kürzere Zeit eines zeitlichen Parameters. Die Kombination der Parameter definiert die Szenarien A bis L.

Tabelle 12: Parameter mit ihren Ausprägungen sowie Daten- bzw. Informationsquellen

Parameter	Ausprägung	Erläuterung
P1 (Beachtung der realen Menge auf dem Gebinde	Nein	Bestandskorrektur findet nicht statt
	Ja	Bestandskorrektur findet statt
P2 (Zeitdifferenz bis zur Aktualisierung des digitalen Abbildes des Gebindes)	n.a.	n.a. wenn P1=nein
	+	Zeit bis zur manuellen Bestandskorrektur
	-	Zeit bis zur automatisierten Bestandskorrektur
P3 (Auslagerzeit)	+	Zeit der manuellen Auslagerung
	-	Zeit der automatisierten Auslagerung
P4 (Einlagerzeit)	+	Zeit der manuellen Einlagerung
	-	Zeit der automatisierten Einlagerung
P5 (Beachtung Digitales Abbild Produkt)	Nein	Digitales Abbild des Produkts wird beim Auslagern nicht beachtet
	Ja	Digitales Abbild des Produkts wird beim Auslagern beachtet
P6 (Zählzeit)	n.a.	n.a. wenn P1=nein
	+	Zeit der manuellen Zählung
	-	Zeit der automatisierten Zählung

Nachfolgend werden die aus dem vollfaktoriellen Versuchsplan resultierenden Szenarien beschrieben. Neben den Flussdiagrammen werden hierzu Zeitstrahlen verwendet, die zum einen die zeitlichen Ausdehnungen der Prozessschritte verdeutlichen, zum anderen dazu dienen, die Unterbrechungen während der Produktion durch ungeplante Stillstände aufgrund nicht verfügbaren Materials kenntlich zu machen. Zur Darstellung der Szeanrien werden zwei Abbildungen verwendet, ein Prozessflussdiagramm und ein Zeitstrahl.

Abbildung 31 zeigt ein beispielhaftes Prozessflussdiagramm. In den Swimlanes werden die Bereiche der Intralogistik und der SMT-Montage unterschieden. Die Prozessschritte, die durch die Parametervariation in den Szenarien beeinflusst werden, sind in der Abbildung grün hinterlegt, die Parameter sind mit P1 bis P6 benannt, sofern diese im Szenario zur Anwendung kommen.

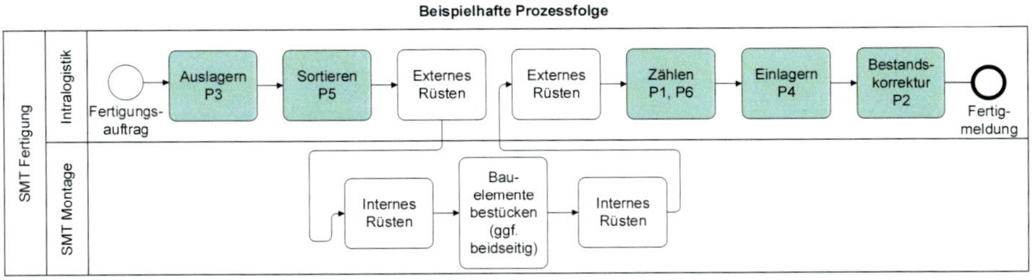

Abbildung 31: Beispielhaftes Prozessflussdiagramm; (SMT: Surface Mount Technology)

Die Zeitachsen, wie sie beispielhaft in Abbildung 32 aufgezeigt ist, sind nicht maßstäblich und geben eine Tendenz entsprechend der Kennzeichnung der Parameter mit Plus und Minus in Tabelle 12 wieder. Zeiten, die Schwankungen unterliegen, da bspw. aufgrund manueller Prozesse keine feste Zeit angegeben werden kann, sind grau hinterlegt, störungsbedingte Unterbrechungen (SU) sind rot hinterlegt. Vereinfacht wird die SU zur besseren Darstellung als ein Block angenommen, in den späteren Simulationsexperimenten und in der Realität treten die SU stark fragmentiert innerhalb der Produktionszeit auf. Die Bestandskorrektur ist im Beispielprozess nach einem variablen Zeitraum Δt abgeschlossen.

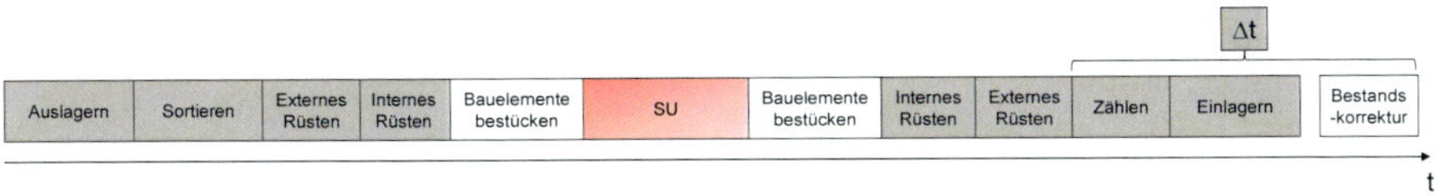

Abbildung 32: Beispielhafter Zeitstrahl der Prozessfolgen; (SU: störungsbedingte Unterbrechungen; Δt: Zeitdifferenz)

4.4.1 A) Manuelle Lagerhaltung ohne Bestandskorrektur und ohne Nutzung Digitaler Abbilder der Produkte

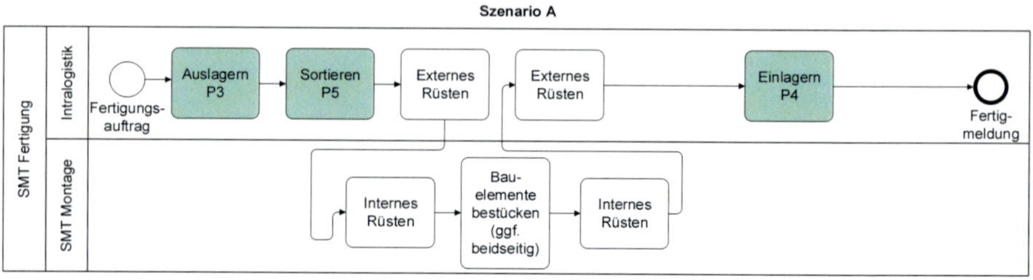

Abbildung 33: Prozessflussdiagramm Szenario A; (SMT: Surface Mount Technology)

Abbildung 33 zeigt den Prozessfluss des Szenarios A. Das Szenario beschreibt eine Fertigung mit manuellen Aus- und Einlagervorgängen. Beim Auslagern der für die Fertigung notwendigen Gebinde werden die Digitalen Abbilder der Produkte nicht für die Ableitung der Auslagerreihenfolge herangezogen, sodass ein Sortieren der Gebinde notwendig wird. Am Ende der Fertigung findet kein Zählen der restlichen Bauteile auf dem Gebinde statt, somit erfolgt keine Bestandskorrektur.

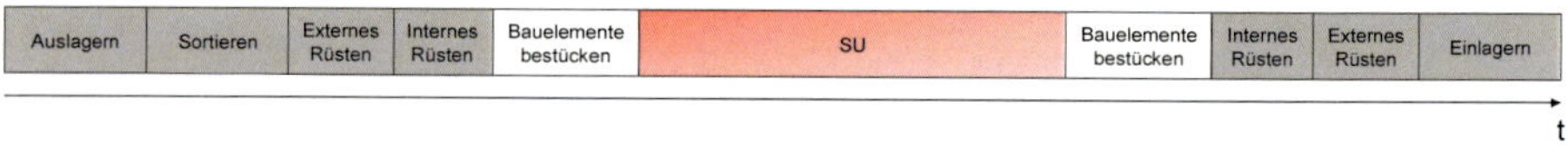

Abbildung 34: Zeitstrahl Szenario A; (SU: störungsbedingte Unterbrechungen; Δt: Zeitdifferenz)

Abbildung 34 zeigt den Zeitstrahl des Szenarios A. Durch das Entfallen des Zählens und der Bestandskorrektur werden signifikante SU aufgrund nicht verfügbaren Materials erwartet.

4.4.2 B) Manuelle Lagerhaltung mit manueller Bestandskorrektur und ohne Nutzung Digitaler Abbilder der Produkte

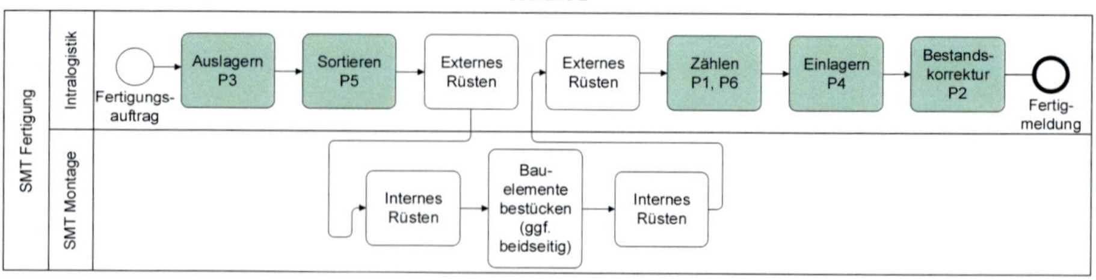

Abbildung 35: Prozessflussdiagramm Szenario B; (SMT: Surface Mount Technology)

Abbildung 35 zeigt den Prozessfluss des Szenarios B. Das Szenario beschreibt eine Fertigung mit manuellen Aus- und Einlagervorgängen. Beim Auslagern der für die Fertigung notwendigen Gebinde werden die Digitalen Abbilder der Produkte nicht für die Ableitung der Auslagerreihenfolge herangezogen, sodass ein Sortieren der Gebinde notwendig wird. Am Ende der Fertigung finden ein Zählen der restlichen Bauteile auf dem Gebinde und eine manuelle Bestandskorrektur statt. Da die reale Menge der restlichen Bauteile mit dem Zählen vorliegt und die Zuordnung der Datensätze zum realen Gebinde manuell erfolgt, handelt es sich um den Digitalen Schatten des Gebindes.

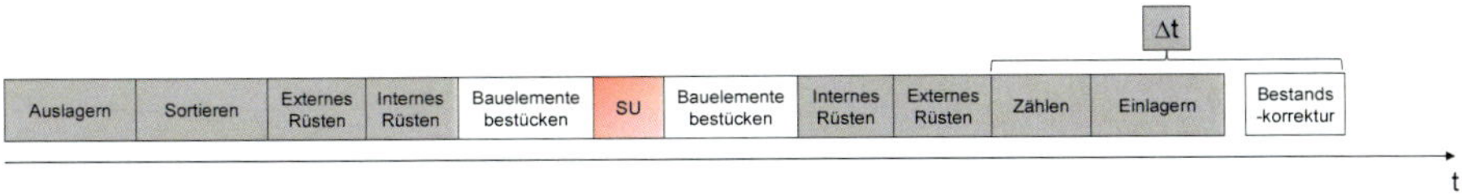

Abbildung 36: Zeitstrahl Szenario B; (SU: störungsbedingte Unterbrechungen; Δt: Zeitdifferenz)

Abbildung 36 zeigt den Zeitstrahl des Szenarios B. Durch das Zählen und die Bestandskorrektur wird eine Reduktion der SU aufgrund nicht verfügbaren Materials erwartet. Es treten weiterhin SU auf falls ein Gebinde für den nächsten Fertigungsauftrag ausgelagert wird, bevor die manuelle Bestandskorrektur erfolgt.

4.4.3 C) Manuelle Lagerhaltung mit automatisierter Bestandskorrektur und ohne Nutzung Digitaler Abbilder der Produkte

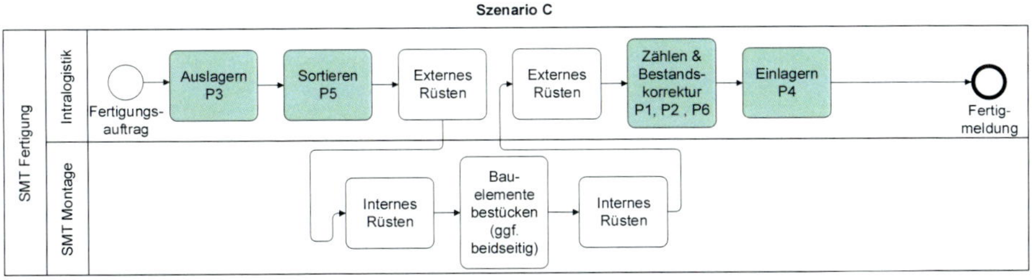

Abbildung 37: Prozessflussdiagramm Szenario C; (SMT: Surface Mount Technology)

Abbildung 37 zeigt den Prozessfluss des Szenarios C. Das Szenario beschreibt eine Fertigung mit manuellen Aus- und Einlagervorgängen. Beim Auslagern der für die Fertigung notwendigen Gebinde werden die Digitalen Abbilder der Produkte nicht für die Ableitung der Auslagerreihenfolge herangezogen, sodass ein Sortieren der Gebinde notwendig wird. Am Ende der Fertigung finden ein Zählen der restlichen Bauteile auf dem Gebinde und eine automatisierte Bestandskorrektur statt. Da die reale Menge der restlichen Bauteile mit dem Zählen vorliegt und die Zuordnung der Datensätze zum realen Gebinde sofort und automatisiert erfolgt, wird ein Digitaler Zwilling des Gebindes erzeugt.

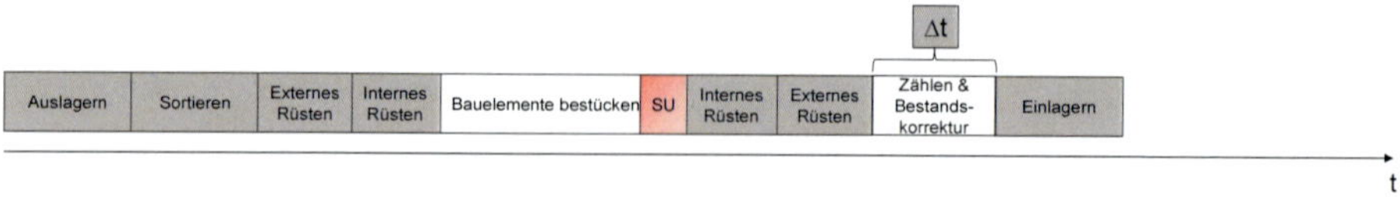

Abbildung 38: Zeitstrahl Szenario C; (SU: störungsbedingte Unterbrechungen; Δt: Zeitdifferenz)

Abbildung 38 zeigt den Zeitstrahl des Szenarios C. Durch das Zählen und die sofortige, automatisierte Bestandskorrektur wird ein Entfallen der SU aufgrund nicht verfügbaren Materials erwartet. Es ist zu keiner Zeit möglich, dass ein Gebinde mit zu geringen Mengen für den Auftrag ausgelagert wird, da die realen Mengen bei Einlagerung sofort bekannt sind und im Falle einer Materialunterdeckung von vornherein ein weiteres Gebinde ausgelagert werden kann. SU treten trotzdem in einem reduzierten Umfang auf, da während der Fertigung des aktuellen Loses ein nicht geplanter Mehrverbrauch zu einer Unterbrechung aufgrund nicht verfügbaren Materials führen kann.

4.4.4 D) Manuelle Lagerhaltung ohne Bestandskorrektur und mit Nutzung Digitaler Abbilder der Produkte

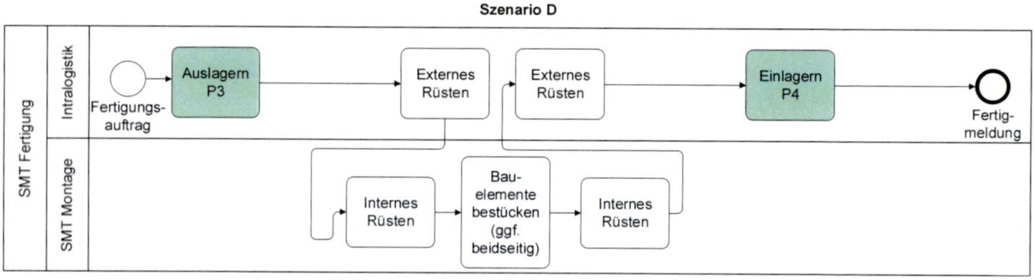

Abbildung 39: Prozessflussdiagramm Szenario D; (SMT: Surface Mount Technology)

Abbildung 39 zeigt den Prozessfluss des Szenarios D. Das Szenario beschreibt eine Fertigung mit manuellen Aus- und Einlagervorgängen. Beim Auslagern der für die Fertigung notwendigen Gebinde werden die Digitalen Abbilder der Produkte für die Ableitung der Auslagerreihenfolge herangezogen, sodass ein Sortieren der Gebinde nicht notwendig ist. Da die Verkopplung zwischen physischem und realem Produkt durch manuelle Änderungen gekennzeichnet ist, liegt ein Digitales Modell des Produkts vor. Am Ende der Fertigung findet kein Zählen der restlichen Bauteile auf dem Gebinde statt, somit erfolgt keine Bestandskorrektur.

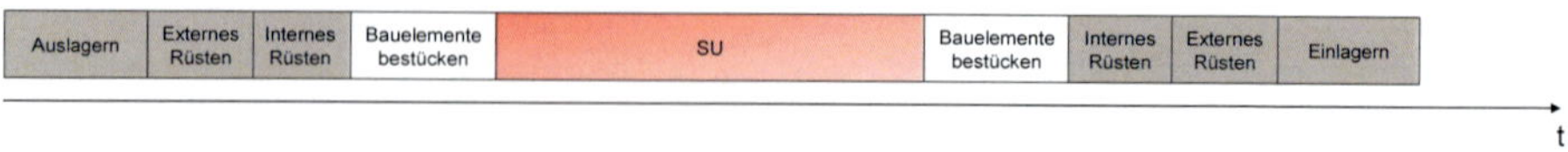

Abbildung 40: Zeitstrahl Szenario D; (SU: störungsbedingte Unterbrechungen; Δt: Zeitdifferenz)

Abbildung 40 zeigt den Zeitstrahl des Szenarios D. Durch das Entfallen des Zählens und der Bestandskorrektur werden signifikante SU aufgrund nicht verfügbaren Materials erwartet. Die Nutzung des Digitalen Abbilds des Produkts gewährleistet die Auslagerung in der benötigten Reihenfolge, so dass das Sortieren entfällt.

4.4.5 E) Manuelle Lagerhaltung mit manueller Bestandskorrektur und mit Nutzung Digitaler Abbilder der Produkte

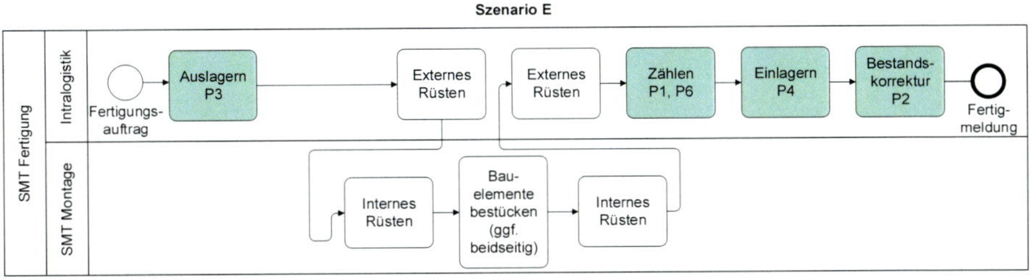

Abbildung 41: Prozessflussdiagramm Szenario E; (SMT: Surface Mount Technology)

Abbildung 41 zeigt den Prozessfluss des Szenarios E. Das Szenario beschreibt eine Fertigung mit manuellen Aus- und Einlagervorgängen. Beim Auslagern der für die Fertigung notwendigen Gebinde werden die Digitalen Abbilder der Produkte für die Ableitung der Auslagerreihenfolge herangezogen, sodass ein Sortieren der Gebinde nicht notwendig ist. Da die Verkopplung zwischen physischem und realem Produkt durch manuelle Änderungen gekennzeichnet ist, liegt ein Digitales Modell des Produkts vor. Am Ende der Fertigung finden ein Zählen der restlichen Bauteile auf dem Gebinde und eine manuelle Bestandskorrektur statt. Da die reale Menge der restlichen Bauteile mit dem Zählen vorliegt und die Zuordnung der Datensätze zum realen Gebinde manuell erfolgt, handelt es sich um den Digitalen Schatten des Gebindes.

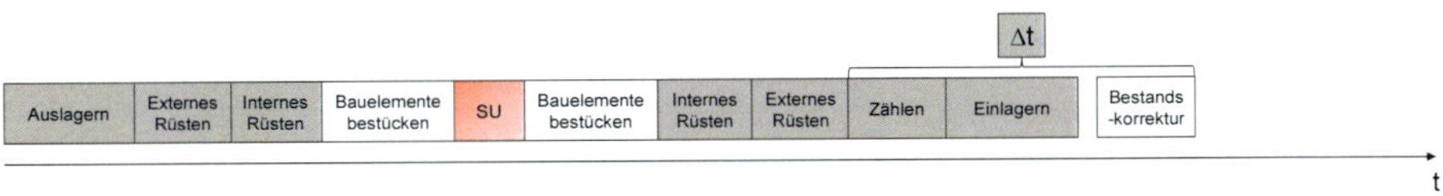

Abbildung 42: Zeitstrahl Szenario E; (SU: störungsbedingte Unterbrechungen; Δt: Zeitdifferenz)

Abbildung 42 zeigt den Zeitstrahl des Szenarios E. Durch das Zählen und die Bestandskorrektur wird eine Reduktion der SU aufgrund nicht verfügbaren Materials erwartet. Es treten weiterhin SU auf falls ein Gebinde für den nächsten Fertigungsauftrag ausgelagert wird, bevor die manuelle Bestandskorrektur erfolgt. Die Nutzung des Digitalen Abbilds des Produkts gewährleistet die Auslagerung in der benötigten Reihenfolge, sodass das Sortieren entfällt.

4.4.6 F) Manuelle Lagerhaltung mit automatisierter Bestandskorrektur und mit Nutzung Digitaler Abbilder der Produkte

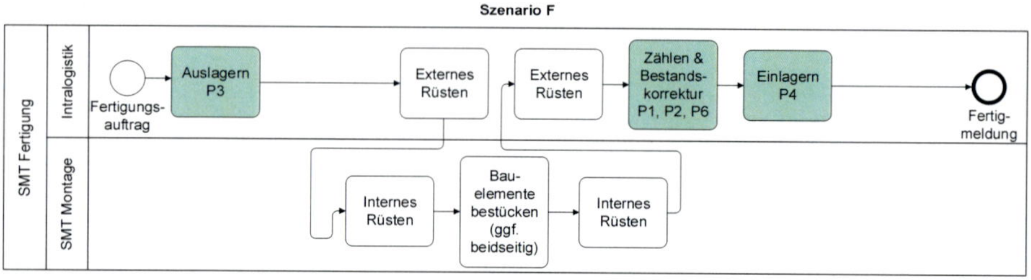

Abbildung 43: Prozessflussdiagramm Szenario F; (SMT: Surface Mount Technology)

Abbildung 43 zeigt den Prozessfluss des Szenarios F. Das Szenario beschreibt eine Fertigung mit manuellen Aus- und Einlagervorgängen. Beim Auslagern der für die Fertigung notwendigen Gebinde werden die Digitalen Abbilder der Produkte für die Ableitung der Auslagerreihenfolge herangezogen, sodass ein Sortieren der Gebinde nicht notwendig ist. Da die Verkopplung zwischen physischem und realem Produkt durch manuelle Änderungen gekennzeichnet ist, liegt ein Digitales Modell des Produkts vor. Am Ende der Fertigung finden ein Zählen der restlichen Bauteile auf dem Gebinde und eine automatisierte Bestandskorrektur statt. Da die reale Menge der restlichen Bauteile mit dem Zählen vorliegt und die Zuordnung der Datensätze zum realen Gebinde sofort und automatisiert erfolgt, wird ein Digitaler Zwilling des Gebindes erzeugt.

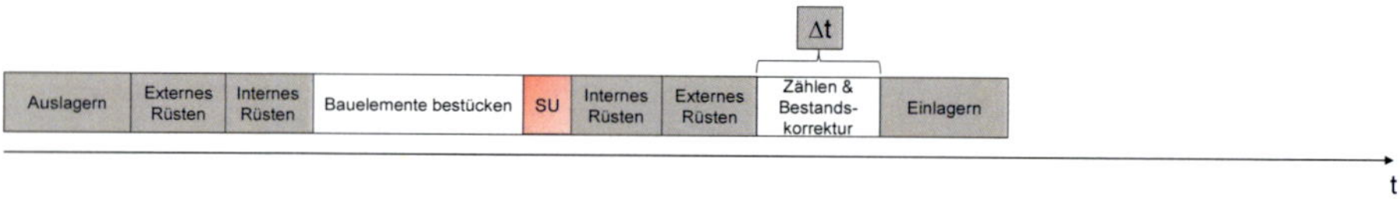

Abbildung 44: Zeitstrahl Szenario F; (SU: störungsbedingte Unterbrechungen; Δt: Zeitdifferenz)

Abbildung 44 zeigt den Zeitstrahl des Szenarios F. Durch das Zählen und die sofortige, automatisierte Bestandskorrektur wird ein Entfallen der SU aufgrund nicht verfügbaren Materials erwartet. Es ist zu keiner Zeit möglich, dass ein Gebinde mit zu geringen Mengen für den Auftrag ausgelagert wird, da die realen Mengen bei Einlagerung sofort bekannt sind und im Falle einer Materialunterdeckung von vornherein ein weiteres Gebinde ausgelagert werden kann. SU treten deshalb in einem reduzierten Umfang auf, da während der Fertigung des aktuellen Loses ein nicht geplanter Mehrverbrauch zu einer Unterbrechung aufgrund nicht verfügbaren Materials führen kann. Die Nutzung des Digitalen Abbilds des Produkts gewährleistet die Auslagerung in der benötigten Reihenfolge, sodass das Sortieren entfällt.

4.4.7 G) Automatisierte Lagerhaltung ohne Bestandskorrektur und ohne Nutzung Digitaler Abbilder der Produkte

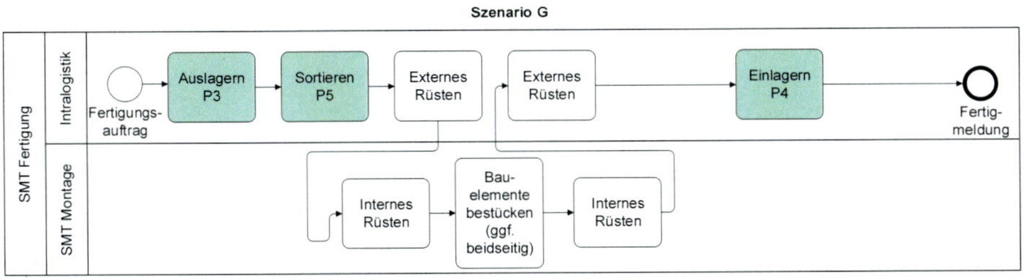

Abbildung 45: Prozessflussdiagramm Szenario G; (SMT: Surface Mount Technology)

Abbildung 45 zeigt den Prozessfluss des Szenarios G. Das Szenario beschreibt eine Fertigung mit automatisierten Aus- und Einlagervorgängen, sodass diese Zeiten keinen Schwankungen unterliegen und verkürzt werden. Beim Auslagern der für die Fertigung notwendigen Gebinde werden die Digitalen Abbilder der Produkte nicht für die Ableitung der Auslagerreihenfolge herangezogen, sodass ein Sortieren der Gebinde notwendig wird. Am Ende der Fertigung findet kein Zählen der restlichen Bauteile auf dem Gebinde statt, somit erfolgt keine Bestandskorrektur.

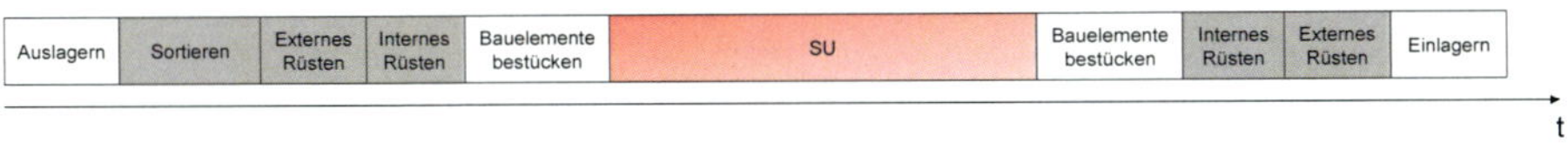

Abbildung 46: Zeitstrahl Szenario G; (SU: störungsbedingte Unterbrechungen; Δt: Zeitdifferenz)

Abbildung 46 zeigt den Zeitstrahl des Szenarios G. Durch das Entfallen des Zählens und der Bestandskorrektur werden signifikante SU aufgrund nicht verfügbaren Materials erwartet.

4.4.8 H) Automatisierte Lagerhaltung mit manueller Bestandskorrektur und ohne Nutzung Digitaler Abbilder der Produkte

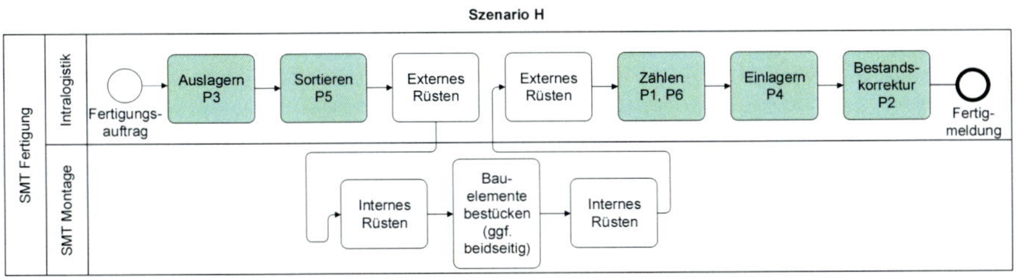

Abbildung 47: Prozessflussdiagramm Szenario H; (SMT: Surface Mount Technology)

Abbildung 47 zeigt den Prozessfluss des Szenarios H. Das Szenario beschreibt eine Fertigung mit automatisierten Aus- und Einlagervorgängen, sodass diese Zeiten keinen Schwankungen unterliegen und verkürzt werden. Beim Auslagern der für die Fertigung notwendigen Gebinde werden die Digitalen Abbilder der Produkte nicht für die Ableitung der Auslagerreihenfolge herangezogen, sodass ein Sortieren der Gebinde notwendig wird. Am Ende der Fertigung finden ein Zählen der restlichen Bauteile auf dem Gebinde und eine manuelle Bestandskorrektur statt. Da die reale Menge der restlichen Bauteile mit dem Zählen vorliegt und die Zuordnung der Datensätze zum realen Gebinde manuell erfolgt, handelt es sich um den Digitalen Schatten des Gebindes.

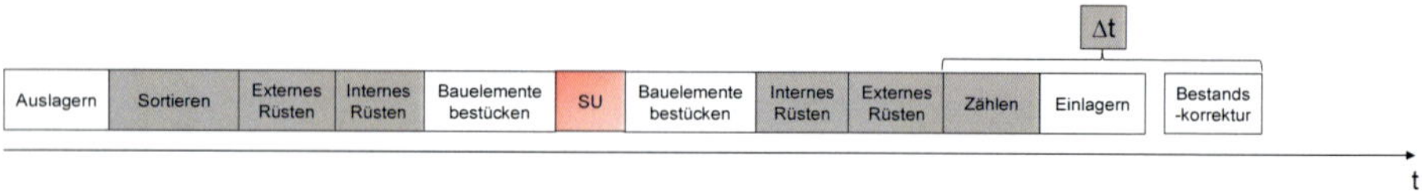

Abbildung 48: Zeitstrahl Szenario H; (SU: störungsbedingte Unterbrechungen; Δt: Zeitdifferenz)

Abbildung 48 zeigt den Zeitstrahl des Szenarios H. Durch das Zählen und die Bestandskorrektur wird eine Reduktion der SU aufgrund nicht verfügbaren Materials erwartet. Es treten weiterhin SU auf falls ein Gebinde für den nächsten Fertigungsauftrag ausgelagert wird, bevor die manuelle Bestandskorrektur erfolgt.

4.4.9 I) Automatisierte Lagerhaltung mit automatisierter Bestandskorrektur und ohne Nutzung Digitaler Abbilder der Produkte

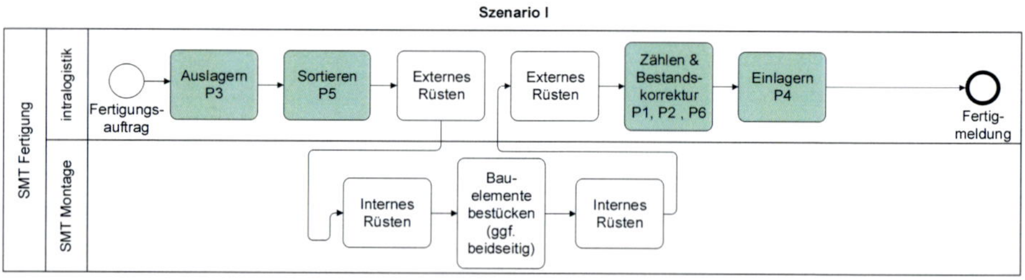

Abbildung 49: Prozessflussdiagramm Szenario I; (SMT: Surface Mount Technology)

Abbildung 49 zeigt den Prozessfluss des Szenarios I. Das Szenario beschreibt eine Fertigung mit automatisierten Aus- und Einlagervorgängen, sodass diese Zeiten keinen Schwankungen unterliegen und verkürzt werden. Beim Auslagern der für die Fertigung notwendigen Gebinde werden die Digitalen Abbilder der Produkte nicht für die Ableitung der Auslagerreihenfolge herangezogen, sodass ein Sortieren der Gebinde notwendig wird. Am Ende der Fertigung finden ein Zählen der restlichen Bauteile auf dem Gebinde und eine automatisierte Bestandskorrektur statt. Da die reale Menge der restlichen Bauteile mit dem Zählen vorliegt und die Zuordnung der Datensätze zum realen Gebinde sofort und automatisiert erfolgt, wird ein Digitaler Zwilling des Gebindes erzeugt.

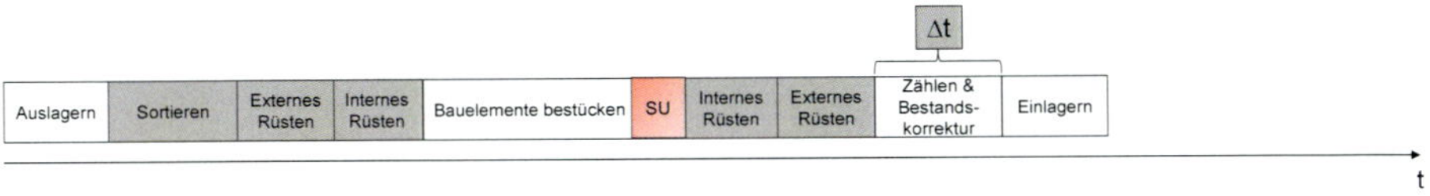

Abbildung 50: Zeitstrahl Szenario I; (SU: störungsbedingte Unterbrechungen; Δt: Zeitdifferenz)

Abbildung 50 zeigt den Zeitstrahl des Szenarios I. Durch das Zählen und die sofortige, automatisierte Bestandskorrektur wird ein Entfallen der SU aufgrund nicht verfügbaren Materials erwartet. Es ist zu keiner Zeit möglich, dass ein Gebinde mit zu geringen Mengen für den Auftrag ausgelagert wird, da die realen Mengen bei Einlagerung sofort bekannt sind und im Falle einer Materialunterdeckung von vornherein ein weiteres Gebinde ausgelagert werden kann. SU treten trotzdem in einem reduzierten Umfang auf, da während der Fertigung des aktuellen Loses ein nicht geplanter Mehrverbrauch zu einer Unterbrechung aufgrund nicht verfügbaren Materials führen kann. Zähleinrichtung und automatisiertes Lager sind mechanisch verbunden, sodass die Zeiten beim Zählen kürzer werden und keinen Schwankungen unterliegen.

4.4.10 J) Automatisierte Lagerhaltung ohne Bestandskorrektur und mit Nutzung Digitaler Abbilder der Produkte

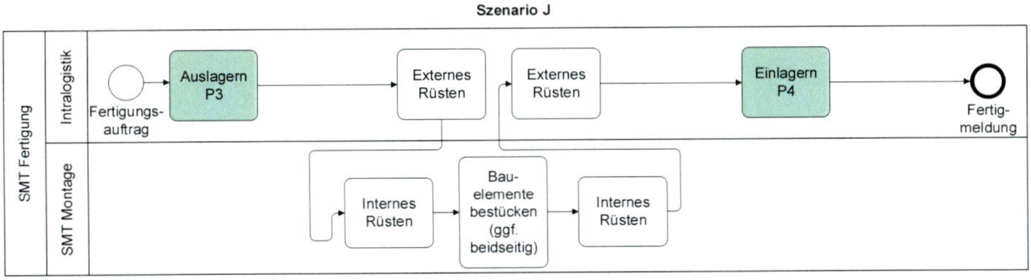

Abbildung 51: Prozessflussdiagramm Szenario J; (SMT: Surface Mount Technology)

Abbildung 51 zeigt den Prozessfluss des Szenarios J. Das Szenario beschreibt eine Fertigung mit automatisierten Aus- und Einlagervorgängen, sodass diese Zeiten keinen Schwankungen unterliegen und verkürzt werden. Beim Auslagern der für die Fertigung notwendigen Gebinde werden die Digitalen Abbilder der Produkte für die Ableitung der Auslagerreihenfolge herangezogen, sodass ein Sortieren der Gebinde nicht notwendig ist. Da die Verkopplung zwischen physischem und realem Produkt durch manuelle Änderungen gekennzeichnet ist, liegt ein Digitales Modell des Produkts vor. Am Ende der Fertigung findet kein Zählen der restlichen Bauteile auf dem Gebinde statt, somit erfolgt keine Bestandskorrektur.

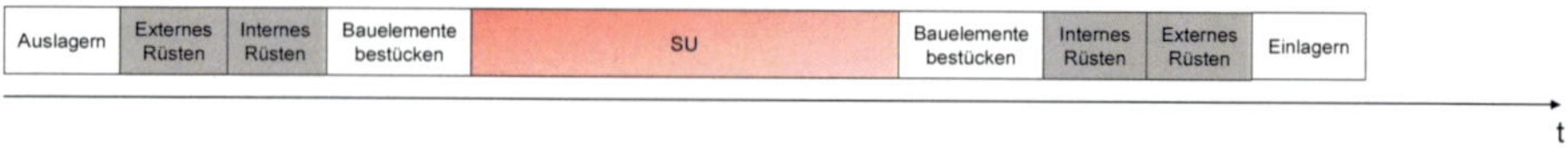

Abbildung 52: Zeitstrahl Szenario J; (SU: störungsbedingte Unterbrechungen; Δt: Zeitdifferenz)

Abbildung 52 zeigt den Zeitstrahl des Szenarios J. Durch das Entfallen des Zählens und der Bestandskorrektur werden signifikante SU aufgrund nicht verfügbaren Materials erwartet.

4.4.11 K) Automatisierte Lagerhaltung mit manueller Bestandskorrektur und mit Nutzung Digitaler Abbilder der Produkte

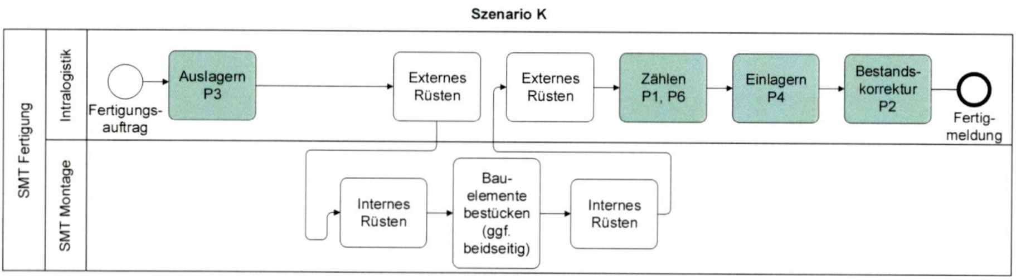

Abbildung 53: Prozessflussdiagramm Szenario K; (SMT: Surface Mount Technology)

Abbildung 53 zeigt den Prozessfluss des Szenarios K. Das Szenario beschreibt eine Fertigung mit automatisierten Aus- und Einlagervorgängen, sodass diese Zeiten keinen Schwankungen unterliegen und verkürzt werden. Beim Auslagern der für die Fertigung notwendigen Gebinde werden die Digitalen Abbilder der Produkte für die Ableitung der Auslagerreihenfolge herangezogen, sodass ein Sortieren der Gebinde nicht notwendig ist. Da die Verkopplung zwischen physischem und realem Produkt durch manuelle Änderungen gekennzeichnet ist, liegt ein Digitales Modell des Produkts vor. Am Ende der Fertigung finden ein Zählen der restlichen Bauteile auf dem Gebinde und eine manuelle Bestandskorrektur statt. Da die reale Menge der restlichen Bauteile mit dem Zählen vorliegt und die Zuordnung der Datensätze zum realen Gebinde manuell erfolgt, handelt es sich um den Digitalen Schatten des Gebindes.

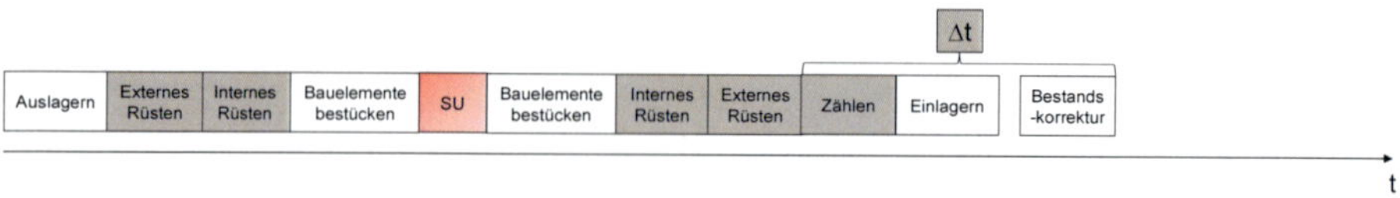

Abbildung 54: Zeitstrahl Szenario K; (SU: störungsbedingte Unterbrechungen; Δt: Zeitdifferenz)

Abbildung 54 zeigt den Zeitstrahl des Szenarios K. Durch das Zählen und die Bestandskorrektur wird eine Reduktion der SU aufgrund nicht verfügbaren Materials erwartet. Es treten weiterhin SU auf falls ein Gebinde für den nächsten Fertigungsauftrag ausgelagert wird, bevor die manuelle Bestandskorrektur erfolgt.

4.4.12 L) Automatisierte Lagerhaltung mit automatisierter Bestandskorrektur und mit Nutzung Digitaler Abbilder der Produkte

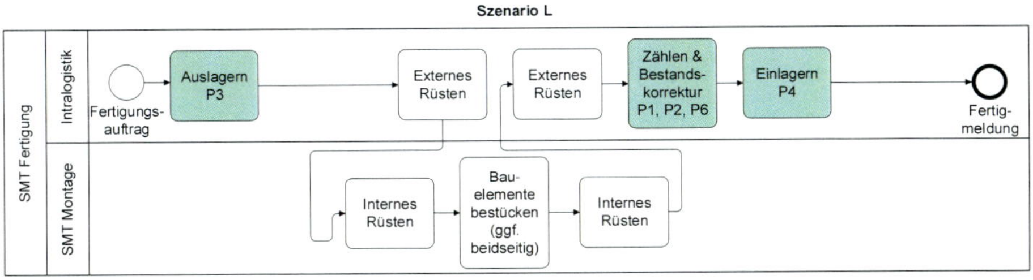

Abbildung 55: Prozessflussdiagramm Szenario L; (SMT: Surface Mount Technology)

Abbildung 55 zeigt den Prozessfluss des Szenarios L. Das Szenario beschreibt eine Fertigung mit automatisierten Aus- und Einlagervorgängen, sodass diese Zeiten keinen Schwankungen unterliegen und verkürzt werden. Beim Auslagern der für die Fertigung notwendigen Gebinde werden die Digitalen Abbilder der Produkte für die Ableitung der Auslagerreihenfolge herangezogen, sodass ein Sortieren der Gebinde nicht notwendig ist. Da die Verkopplung zwischen physischem und realem Produkt durch manuelle Änderungen gekennzeichnet ist, liegt ein Digitales Modell des Produkts vor. Am Ende der Fertigung finden ein Zählen der restlichen Bauteile auf dem Gebinde und eine automatisierte Bestandskorrektur statt. Da die reale Menge der restlichen Bauteile mit dem Zählen vorliegt und die Zuordnung der Datensätze zum realen Gebinde sofort und automatisiert erfolgt, wird ein Digitaler Zwilling des Gebindes erzeugt.

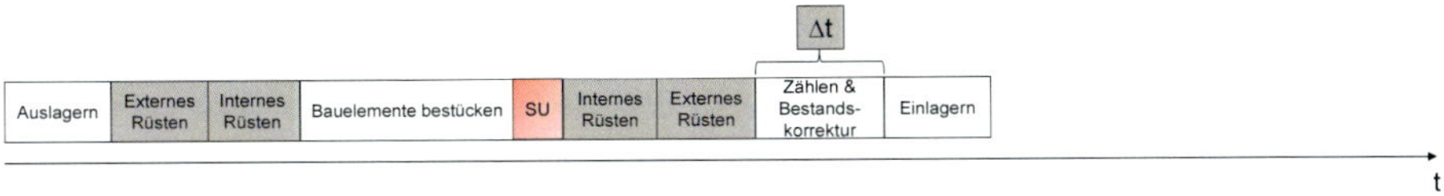

Abbildung 56: Zeitstrahl Szenario L; (SU: störungsbedingte Unterbrechungen; Δt: Zeitdifferenz)

Abbildung 56 zeigt den Zeitstrahl des Szenarios L. Durch das Zählen und die sofortige, automatisierte Bestandskorrektur wird ein Entfallen der SU aufgrund nicht verfügbaren Materials erwartet. Es ist zu keiner Zeit möglich, dass ein Gebinde mit zu geringen Mengen für den Auftrag ausgelagert wird, da die realen Mengen bei Einlagerung sofort bekannt sind und im Falle einer Materialunterdeckung von vornherein ein weiteres Gebinde ausgelagert werden kann. SU treten trotzdem in einem reduzierten Umfang auf, da während der Fertigung des aktuellen Loses ein nicht geplanter Mehrverbrauch zu einer Unterbrechung aufgrund nicht verfügbaren Materials führen kann. Zähleinrichtung und automatisiertes Lager sind mechanisch verbunden, sodass die Zeiten beim Zählen kürzer werden und keinen Schwankungen unterliegen.

4.5 Zusammenfassung des Kapitels

In Kapitel 4 wird die Modellformalisierung und die Umsetzung in der Simulationsumgebung beschrieben. Die untersuchten Szenarien werden ausführlich beschrieben und es wird gezeigt, welche Parameter den Szenarien zugrunde liegen. Die Variation zwischen den Szenarien liegt in der Nutzung und Aktualisierung Digitaler Abbilder und in der Automatisierung intralogistischer Tätigkeiten, wie das Zählen der Bauteile auf Gebinden und die Ein- und Auslagervorgänge. Die zwölf vorgestellten Szenarien resultieren aus dem vollfaktoriellen Versuchsplan, der im Kapitel 4.3 beschrieben wird und den möglichen Lösungsraum aufspannt. Somit wird in der folgenden industriellen Erprobung ermöglicht zu bewerten, welche Kombination von Automatisierung und Digitalisierung im Kennzahlensystem gewinnbringend ist und wie sich das Zusammenspiel zwischen Aufwand zur Datenerhebung und Nutzen aus einer aktuelleren und umfangreicheren Datenhaltung darstellt.

5 Verifikation, Validierung und industrielle Erprobung

Das beschriebene Verfahren zur simulationsgestützten Bewertung der Anwendung Digitaler Abbilder in der Flachbaugruppenfertigung wird in diesem Kapitel anhand einer industriellen Fallstudie bei einem mittelständischen Elektronikfertiger erprobt. Das Unternehmen fertigt elektronische Baugruppen als Dienstleistung, die Produktion ist somit durch Produkte unterschiedliche Komplexität und Abrufe unterschiedlicher Losgrößen geprägt. Zunächst wird die Datenbasis erläutert, bevor auf die Verifikation und Validierung[67] des Modells eingegangen wird. Anschließend werden die Simulationsexperimente beschrieben und ihre Ergebnisse diskutiert.

5.1 Datengrundlage

Auf Basis des Überblicks in Kapitel 3 wird nun ein vollständiges Bild der aus der industriellen Praxis herangezogenen Dateien aufgezeigt. Es wird auf die für die Simulationsstudie relevanten Daten eingegangen und die Datensätze dargestellt. Liegen für Eingangsgrößen Datenreihen vor, werden diese dem Simulationsmodell tabellarisch zur Verfügung gestellt, sodass keine Approximation durch eine Verteilung notwendig ist.

5.1.1 Produkte und Produkteigenschaften

Für die Simulation werden PS 3=22 reale Produkte des untersuchten Produktionssystems herangezogen. 21 der Produkte werden beidseitig bestückt, ein Produkt lediglich einseitig. Zehn Produkte werden im Einfachnutzen produziert, die übrigen Produkte erstrecken sich bis zu einem Achtfachnutzen. Wie Abbildung 57 zeigt, sind die Produkte von unterschiedlicher Komplexität und unterscheiden sich sowohl in der Anzahl unterschiedlicher Komponenten als auch in der Anzahl verbauter Komponenten. In der vorliegenden Arbeit werden ausschließlich die in der SMT Montage verbauten Komponenten betrachtet.

[67] „Verifikation gibt dabei Antworten auf die Frage, ob ein Simulationsmodell korrekt implementiert wurde. [Validierung] befasst sich hingegen mit der Frage, ob das Modell hinreichend gut mit dem Realsystem übereinstimmt." [ELE12]

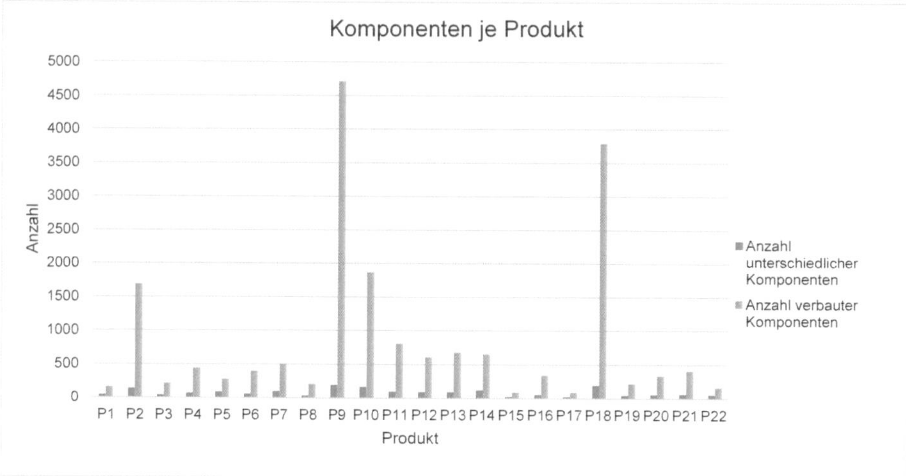

Abbildung 57: Komponenten je Produkt; (P1….P22: Produkte des Produktionsprogramms)

Neben der Anzahl der verbauten Komponenten ist wesentlich, auf welchen Bestückautomaten innerhalb der Produktionszelle diese verbaut werden. Die zugehörigen Informationen sowie die daraus resultierenden Hauptnutzungszeiten werden den in der Fertigung verwendeten Produktionsprogrammen der 22 Produkte entnommen. Aus der Anzahl der verbauten, unterschiedlichen Komponenten pro Produkt errechnet sich die Strukturkennzahl PS 1: [VDI04] S.49

$$PS\ 1 = \frac{\sum_{i=1}^{n} Zugangsmaterialien\ Erzeugnis_i}{PS\ 3} = \frac{1797}{22} = 81{,}6\overline{81} \qquad (5\text{-}1)$$

5.1.2 Rüstzeiten und Zeiten der Materialver- und entsorgung

Wie den Szenarien in Kapitel 4.4 entnommen werden kann, werden im Bereich der MVE verschiedene Zeiten zugrunde gelegt. Erfolgt die Aus- und Einlagerung manuell, liegen Messreihen aus der Produktion mit einer Stichprobengröße von 150 vor, die in Abbildung 58 charakterisiert sind. Erfolgt die Ein- und Auslagerung automatisiert, beträgt die Einlagerzeit 24 Sekunden, die Auslagerzeit 18 Sekunden. Diese Werte unterliegen keinen Schwankungen. [SUP18]

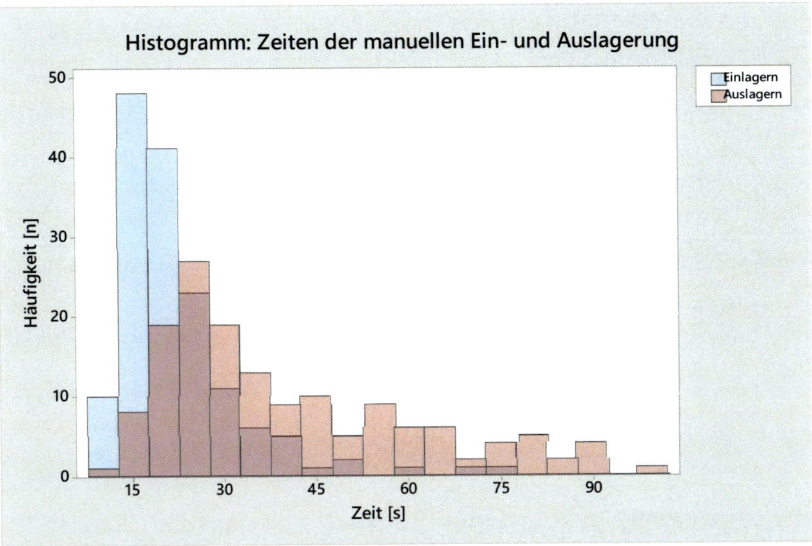

Abbildung 58: Histogramm: Zeiten der manuellen Ein- und Auslagerung

Die Rüstzeiten werden in interne und externe Rüstzeiten unterschieden. Für interne Rüstvorgänge werden Messreihen (n=150) aus der Fertigung herangezogen, das Histogramm der Messreihe findet sich in Abbildung 59. Die Messdaten werden in der Simulation tabellarisch zur Verfügung gestellt. Die Szenarien haben keinen Einfluss auf die internen Rüstzeiten, sodass sie lediglich stochastische Schwankungen erfahren oder die Summe der Rüstzeiten durch eine zufällige, günstige Produktionsreihenfolge beeinflusst wird.

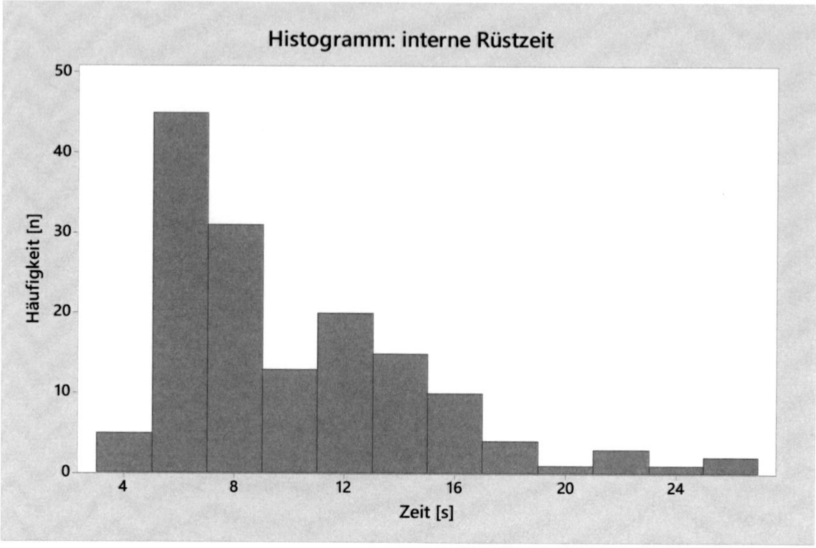

Abbildung 59: Histogramm der internen Rüstzeit

Bei den externen Rüstvorgängen werden zwei Arbeitsschritte unterschieden, zum einen das Einsetzen des Gebindes in den Feeder[68], zum anderen das Herausnehmen des Gebindes aus dem Feeder. Beide Messreihen haben eine Stichprobengröße von n=150, die Histogramme der Messreihen finden sich in Abbildung 60.

[68] Diese Zeiten sind beim Nachrüsten bei störungsbedingten Unterbrechungen aufgrund nicht verfügbaren Materials relevant

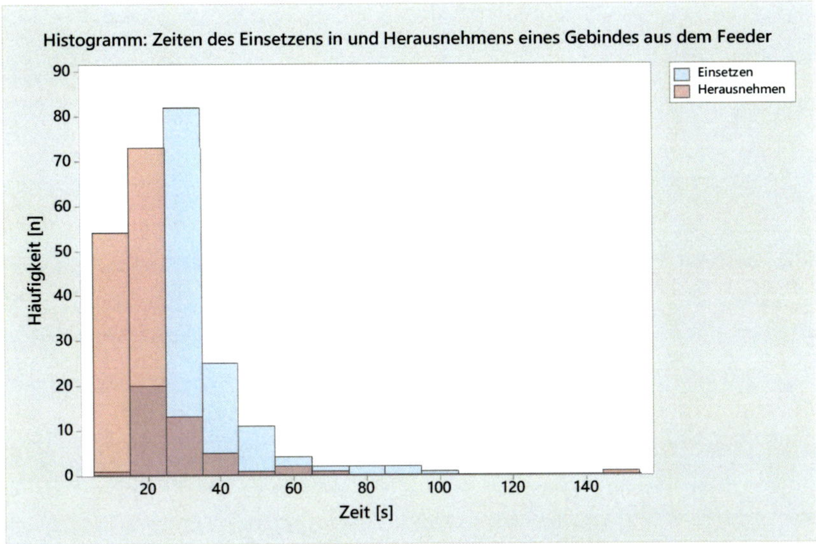

Abbildung 60: Histogramm des Einsetzens in und Herausnehmens eines Gebindes aus dem Feeder

Die weiteren Zeiten der MVE sind die Zeit für das Sortieren nach der Auslagerung sowie die Zeit des Zählens eines Gebindes. Für das Sortieren liegt eine Messreihe (n=150) mit Sortierzeiten pro Gebinde vor, das Histogramm der Messreiche findet sich in Abbildung 61.

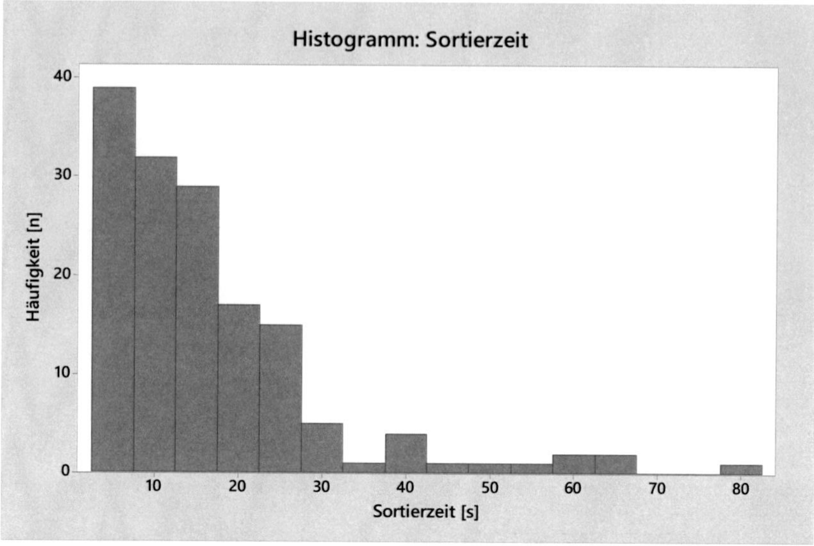

Abbildung 61: Histogramm der Sortierzeit

Den Zählzeiten in Szenarien mit manuellen Zählungen liegt eine Messreihe mit n=150 mit Zeitmessungen für das Zählen eines Gebindes zugrunde. Das Histogramm der Messreihe ist in Abbildung 62 aufgetragen. In Szenarien mit automatisierter Zählung beträgt die Zählzeit 10 Sekunden. [OPT18]

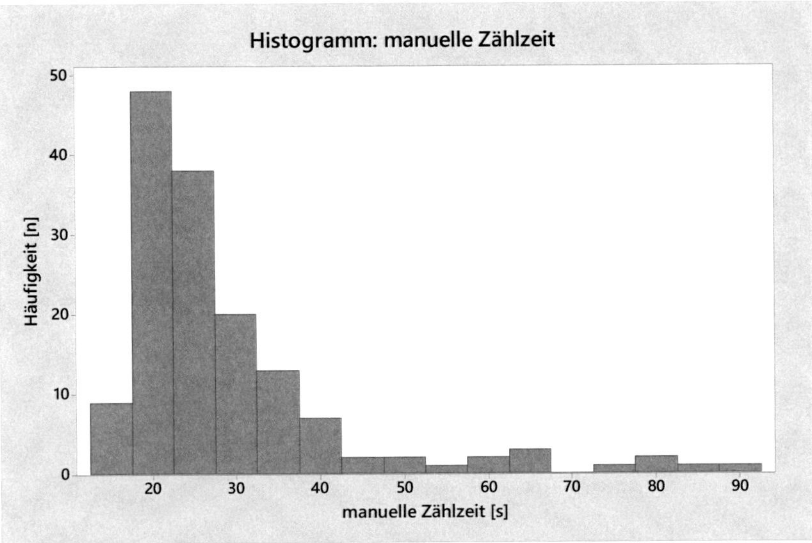

Abbildung 62: Histogramm der manuellen Zählzeit

5.1.3 Liefermenge

Zur Bestimmung der initialen Mengen auf Gebinden zur Deckung des Bedarfs für die Fertigung des Produktionsprogramms vor Simulationsbeginn wird ein Datensatz aus der Lagerhaltungssoftware des Unternehmens analysiert, der die initial gelieferten Mengen je Gebinde enthält (n=237268). Die untersuchten Produkte enthalten PS 2=781 unterschiedliche Komponenten. Nachdem der Datensatz um die Produkte bereinigt wurde, die in den untersuchten Produkten nicht verbaut werden, verbleibt ein Datensatz von n=68128 Liefermengen verteilt auf 781 Komponenten. Die initialen Mengen werden in Tabellenform der Simulation zur Verfügung gestellt. Hat eine Komponente unterschiedliche Liefermengen, wird die jeweils passende, also die mit dem geringsten Rest, gewählt und in der Lagerdatei der Simulation gespeichert. Reste einer Position bei der Fertigung eines Loses finden bei der Ermittlung des Bedarfs für das folgende Los Beachtung. Die initialen Mengen bilden die Basis, von der der theoretische Bedarf und der ungeplante Mehrverbrauch abgezogen werden.

5.1.4 Zeitlicher Verzug der Bestandsführung

In der Bestandsführung werden drei Fälle unterschieden: Keine Bestandskorrektur um die Mehrverbräuche, eine manuelle Bestandskorrektur und eine automatisierte Bestandskorrektur. Findet keine Bestandskorrektur statt, kann keine Zeitangabe bis zur Korrektur gemacht werden. Die automatisierte Korrektur findet direkt nach Abschluss der

Zählung nahezu in Echtzeit statt, somit ist die Zeit zwischen dem letzten möglichen Mehrverbrauch und der Aktualisierung der Menge auf dem Digitalen Abbild des Gebindes die automatisierte Zählzeit von 10 Sekunden. Das Gebinde wird aber erst eingelagert, sobald die Menge auf dem Digitalen Abbild des Gebindes aktualisiert wurde, sodass vor Beginn der Produktion stets auf Basis korrekter Mengenangaben in ausreichender Menge ausgelagert werden kann. Es verbleibt das Risiko, dass der Mehrverbrauch des aktuell in der Fertigung befindlichen Loses zu einer störungsbedingten Unterbrechung aufgrund nicht verfügbaren Materials führt. Für die Erfassung des zeitlichen Verzugs der Bestandskorrektur bei manueller Zählung[69] werden Buchungssätze des ERP Systems herangezogen, die neben der Verbrauchsbuchung eine Korrekturbuchung um den nicht geplanten Mehrverbrauch enthalten. Es wurden 479459 ERP Buchungen, bestehend aus Materialzu- und –abgängen in allen Unternehmensbereichen untersucht, von denen 10498 dem Verbrauch und Mehrverbrauch einer Komponente des untersuchten Produktionsprogramms zugeordnet werden konnten (n=10498). Die relevanten Buchungen enthalten den Verbrauch des Fertigungsauftrags und im zeitlichen Verzug eine Korrekturbuchung um den ungeplanten Mehrverbrauch. Ein Datensatz wird beispielhaft in Tabelle 13 aufgezeigt. Im Beispiel beträgt der zeitliche Verzug bis zur Aktualisierung des Digitalen Abbilds drei Tage, der Mehrverbrauch liegt bei gerundet 0,67 %.

Tabelle 13: Beispiel einer Verbrauchs- und Mehrverbrauchsbuchung im ERP System

Buchungsdatum	Fertigungsauftrag	Komponente	Menge
21.03.2020	FA-1	123456	-600
24.03.2020	FA-1	123456	-4

Abbildung 63 zeigt das Histogramm des zeitlichen Verzugs bei der manuellen Aktualisierung des Digitalen Abbilds. Da in der Praxis die Korrektur von Hand getätigt werden muss, beläuft sich die Aktualisierungszeit auf mehrere Tage, sodass die reale Menge und die Menge in der Datenhaltung einen größeren Zeitraum lang voneinander abweichen können.

[69] Ist-Zustand der industriellen Erprobung

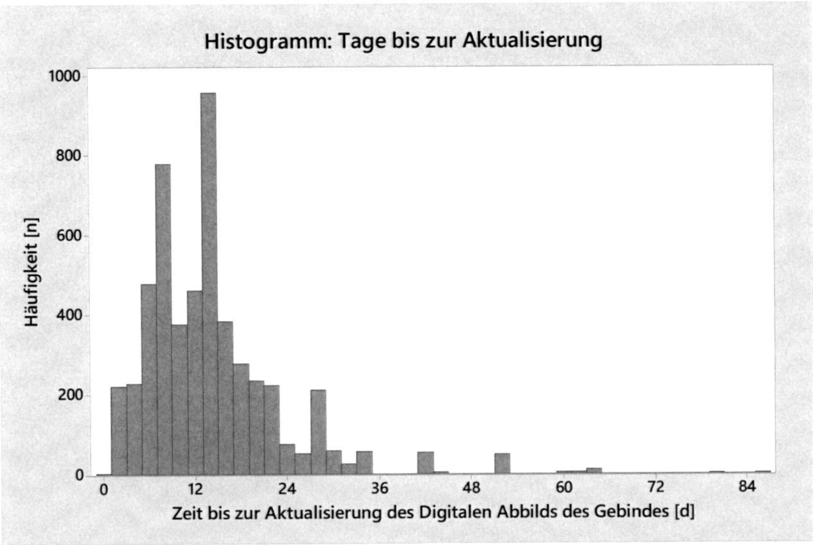

Abbildung 63: Histogramm der Zeit bis zur Aktualisierung des Digitalen Abbilds des Gebindes bei manueller Bestandskorrektur

Die somit vorliegenden 5249 Mehrverbrauchsbuchungen betreffen 400 der 781 Komponenten, das Histogramm des relativen Mehrverbrauchs ist in Abbildung 64 aufgetragen. Diese Daten werden als Tabelle der Simulation hinterlegt. Für die restlichen 381 Komponenten liegen keine Mehrverbrauchsbuchung im ERP vor. In der Produktion fallen hierunter teure oder geometrisch größere Komponenten, die keinem stetig auftretenden Mehrverbrauch unterliegen, da sie stückgenau ausgelagert und verbraucht werden. In der Simulation werden diese ohne Mehrverbrauch berechnet, um zu vermeiden, dass der Effekt der untersuchten Maßnahmen überbewertet wird.

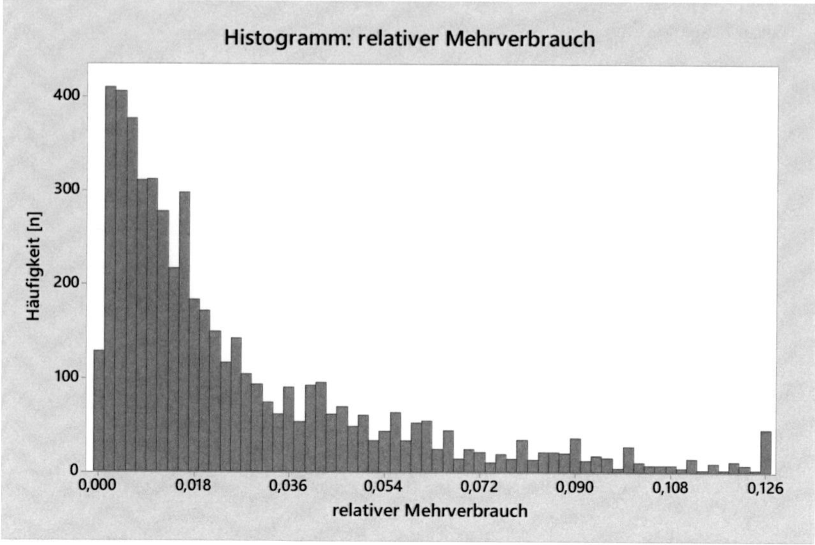

Abbildung 64: Histogramm des relativen, ungeplanten Mehrverbrauchs

5.1.5 Produktionsprogramm

Basis für das Produktionsprogramm in der Simulation bildet ein Datensatz von n=1746 Fertigungslosen für die bereits genannten 22 Produkte. Abbildung 65 zeigt die Losgrößenverteilung der Fertigungslose.

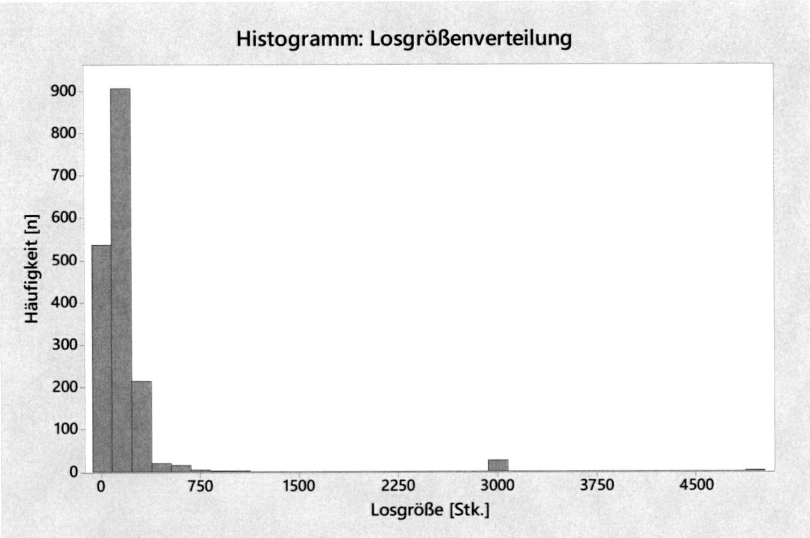

Abbildung 65: Histogramm der Losgrößenverteilung

Die Anzahl gefertigter Lose schwankt je nach Produkt, ebenso ist die produzierte Menge je nach Produkt unterschiedlich. Die Verteilung ist in Abbildung 66 dargestellt. Insgesamt werden im untersuchten Produktionsprogramm 352970 Produkte gefertigt.

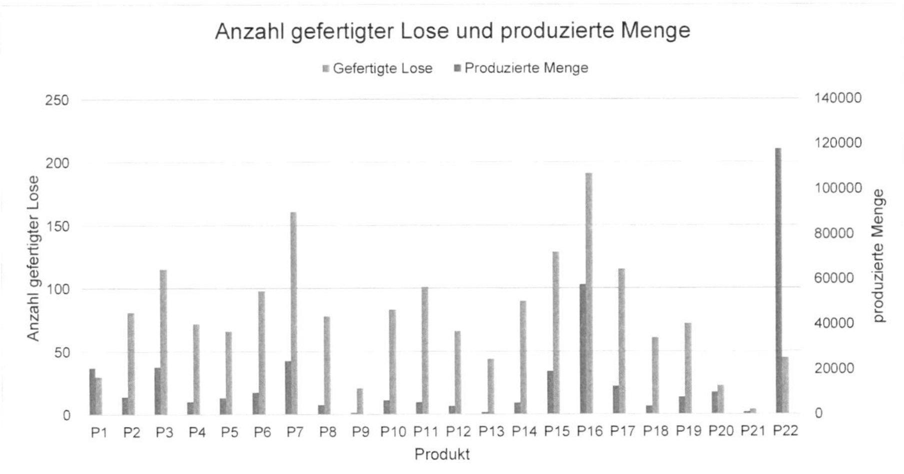

Abbildung 66: Anzahl gefertigter Lose und produzierte Menge; (P1....P22: Produkte des Produktionsprogramms)

Im Rahmen der Simulation werden fünf unterschiedliche Produktionsreihenfolgen der 1746 Lose untersucht, um zu klären, ob eine zufällige gewählte Produktionsreihenfolge einen Einfluss auf die untersuchten Kennzahlen hat.

5.2 Verifikation und Validierung

5.2.1 Methodisches Vorgehen

Die Verifikation und Validierung werden nachfolgend anhand von sechs Werkzeugen durchgeführt. Die Tests und ihr Inhalt werden in Tabelle 14 aufgezeigt und das Ergebnis in den folgenden Unterkapiteln beschrieben.

Tabelle 14: Werkzeuge zur Verifikation und Validierung; Auszug aus [ELE12]S.16

Technik	Beschreibung
Festwerttest	Ersetzen aller stochastischen Größen durch feste Werte, z.B. Ersetzen der Bearbeitungszeiten in einer Montagelinie durch den Mittelwert. Somit kann der Durchsatz der Linie leicht berechnet werden.
Monitoring	Die Werte von Zustandsgrößen und Variablen (z.B. Auslastung, Durchlaufzeit, Pufferbelegung) werden während des Simulationslaufes graphisch angezeigt und überprüft.
Sensitivitätsanalyse	Eingabewerte des Modells werden verändert und die Auswirkungen auf Ausgabewerte bestimmt. Die Richtung der Auswirkung muss mit Beobachtungen in der Realität übereinstimmen.
strukturiertes Durchgehen	Die Projektbeteiligten gehen jede Anweisung des Programms gemeinsam durch, bis alle von der Richtigkeit der Anweisungen überzeugt sind.
Trace-Analyse	Es wird das Verhalten einzelner Objekte im ausführbaren Modell verfolgt und dabei das logische Verhalten und die Plausibilität überprüft.
Validierung im Dialog	Das Modell wird gemeinsam mit Fachexperten diskutiert, die Kenntnisse über das reale System besitzen.

Am Modell erfolgt eine Trace-Analyse, ein strukturiertes Durchgehen sowie eine Validierung im Dialog mit Fachexperten während der gesamten Entstehung des Simulationsmodells. Diese werden im Folgenden nicht detailliert beschrieben. Im Rahmen der Trace Analyse wird eine Leiterplatte auf ihrem Weg durch die Fertigung verfolgt, insbesondere wird hierbei auf den korrekten Verlauf der Fertigung bei zweiseitig bestückten Leiterplatten geachtet.

5.2.2 Festwerttest

Beim Festwerttest erfolgt ein Ersetzen von zufällig verteilten Größen durch feste Werte. Es wurde das Ausgangsszenario B analysiert und für ein Produktionsprogramm sieben Durchläufe mit Festwerten anstatt zufällig verteilten Größen durchlaufen. Abbildung 67 zeigt die Ergebnisse der Versuchsreihen. Die Kennzahlen werden mit der ersten ermittelten Kennzahl der Ausgangsszenarios B normiert, um später eine Vergleichbarkeit der Szenarien zu erreichen. Es ist zu erkennen, dass die Kennzahlen bei dem Festwerttest keinen Schwankungen unterliegen. Sind die Parameter variabel, d.h. sie unterliegen einer zufälligen Verteilung, ist eine Veränderung in den Kennzahlen deutlich erkennbar. Messwerte der ersten Messreihe mit Varianz (Messreihe *Variabel 1*) in den Parametern unterliegen keinen Schwankungen, da sie die Basis für die Normierung sind und die Messwerte am Ende des Versuchslaufs mit sich selbst normiert werden. Dies entspricht den Erwartungen beim Festwerttest und lässt einen Rückschluss auf eine Modellverhalten zu, das einem Verhalten in der Realität entspricht.

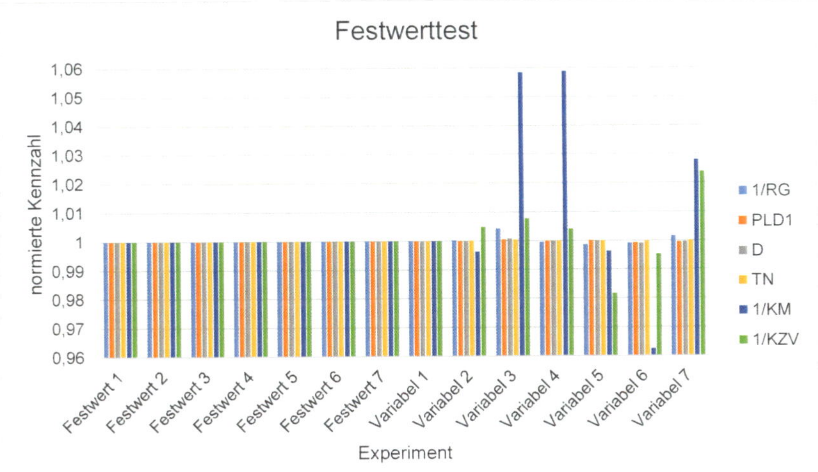

Abbildung 67: Auswertung des Festwerttests; (RG: Rüstgrad; TN: technischer Nutzgrad; D: Durchsatz; PLD1: mittlerer Durchführungszeitanteil; KM: Kennzahl für Mengenabweichungen; KZV: Kennzahl für den zeitlichen Verzug)

5.2.3 Monitoring

Für das Monitoring wird die Differenz der Komponenten, die derzeit nicht in einem Fertigungsauftrag gebunden sind, zwischen realen Mengen und berechneten Mengen, die aus dem theoretischen Bedarf resultieren, gegen die Fertigungslose aufgetragen. In den Simulationsexperimenten wird diese Differenz durch die Kennzahl KM bewertet. Zu Beginn liegen insgesamt 129816997 Komponenten im Lager. Abbildung 68 zeigt den Verlauf der Mengendifferenz in Szenarien ohne jegliche Bestandskorrektur. Erwartungsgemäß steigt die Mengenabweichung ohne Bestandskorrektur stetig bis zum letzten Fertigungslos.

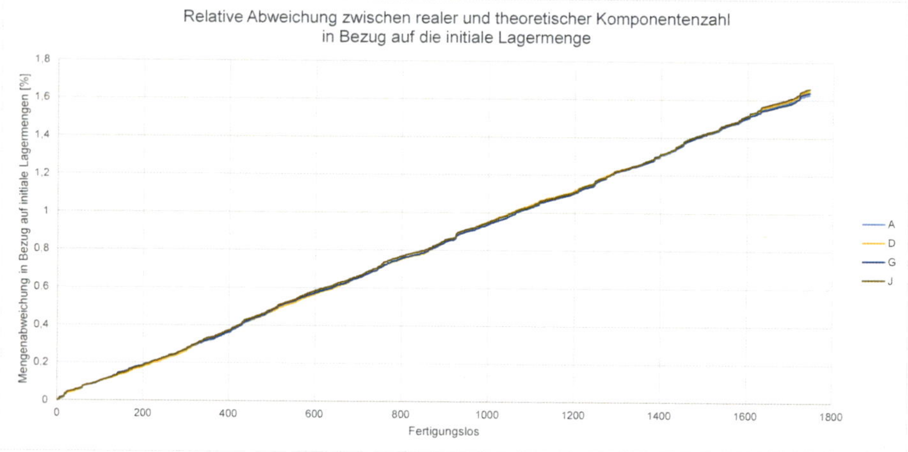

Abbildung 68: Relative Abweichung zwischen realer und theoretischer Komponentenzahl in Bezug auf die initiale Menge; Szenarien ohne Bestandskorrektur (Szenarien A, D, G, J)

Findet eine manuelle Bestandskorrektur statt, steigt die Mengenabweichung zu Beginn des Produktionsprogramms ebenfalls an. Nach einer gewissen Zeit zeigen die ersten Bestandskorrekturen Wirkung und die Mengendifferenz pendelt sich auf einem signifikant niedrigeren Niveau ein, wie Abbildung 69 zu entnehmen ist. Es ist eine Schwankungsbreite zu beobachten, die aus den zufällig verteilten, stark streuenden Zeiten bis zur Aktualisierung resultiert.

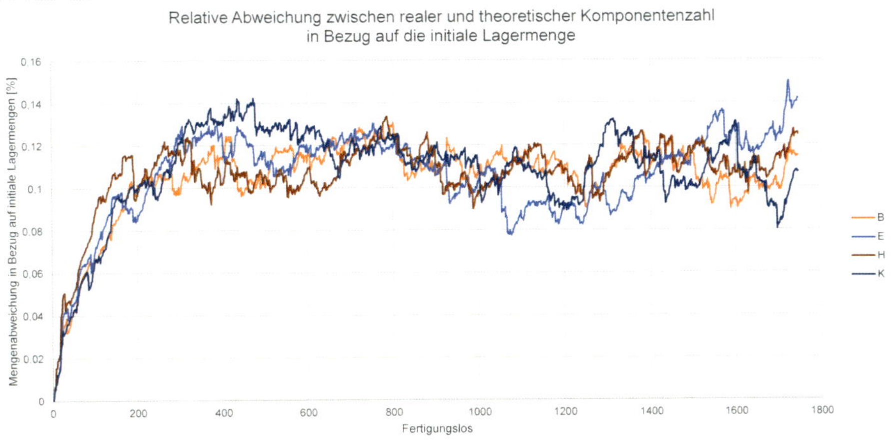

Abbildung 69: Relative Abweichung zwischen realer und theoretischer Komponentenzahl in Bezug auf die initiale Lagermenge; Szenarien mit manueller Bestandskorrektur (Szenarien B, E, H, K)

In den Szenarien mit einer automatisierten Bestandskorrektur ist kein Anstieg der Mengenabweichung zu Beginn der Simulationsexperimente zu beobachten. Die Mengenabweichung ist generell auf einem sehr niedrigen, im Vergleich zur manuellen Bestandskorrektur signifikant reduzierten, Niveau. Auf niedrigem Niveau sind Schwankungen zu erkennen, die aus der unterschiedlichen Anzahl zu zählender Gebinde nach der Fertigung resultieren und als Peaks in Abbildung 70 zu erkennen sind. Das heißt, vom Zeitpunkt des letzten möglichen ungeplanten Mehrverbrauchs bis zur Aktualisierung vergeht mehr Zeit, wenn mehr Gebinde gezählt werden müssen.

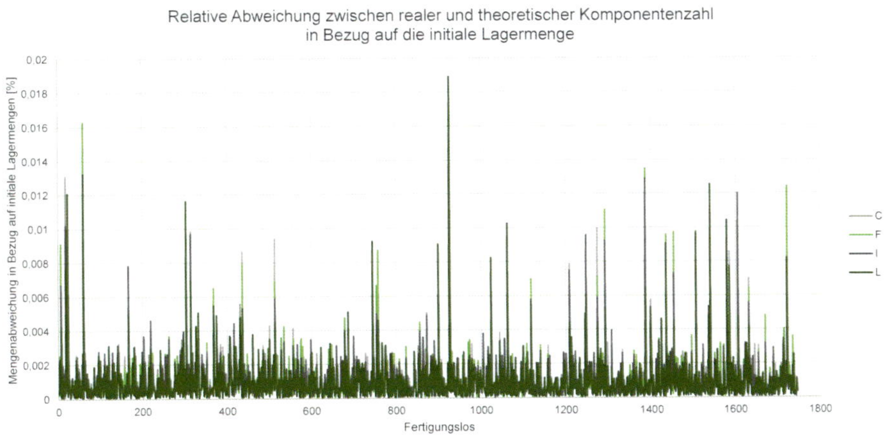

Abbildung 70: Relative Abweichung zwischen realer und theoretischer Komponentenzahl in Bezug auf die initiale Lagermenge; Szenarien mit automatisierter Bestandskorrektur (Szenarien C, F, I, L)

Um einen Vergleich der einzelnen Szenarien zu ermöglichen, werden in Abbildung 71 jeweils ein Repräsentant der Szenarien ohne Bestandskorrektur, mit manueller Bestandskorrektur und automatisierter Bestandskorrektur aufgetragen.

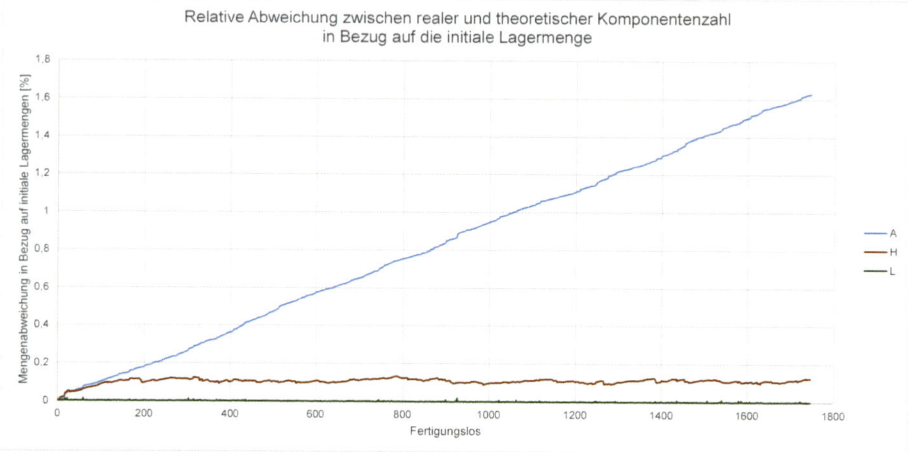

Abbildung 71: Relative Abweichung zwischen realer und theoretischer Komponentenzahl in Bezug auf die initiale Lagermenge; Szenarienvergleich (Szenarien A, H, L)

Die Mengenabweichung wird abschließend ins Verhältnis zur theoretisch verbleibenden Restmenge gesetzt und über die Fertigungslose aufgetragen. Hieraus resultieren die Kurvenverläufe in Abbildung 72. Es zeigt sich, dass in Fällen ohne Bestandskorrektur die relative Abweichung in Bezug auf die theoretische Restmenge stark ansteigt. Ein ähnliches Verhalten ist bei manueller Korrektur zu beobachten, jedoch auf deutlich niedrigerem Niveau. Dies resultiert aus der Tatsache, dass etwaige manuelle Bestandskorrekturen am Ende des Produktionsprogramms nach der Simulationszeit liegen würden. Im Szenario mit automatisierter Bestandskorrektur tritt dieser Effekt nicht auf, da die Aktualisierung des Digitalen Abbilds des Gebindes mit Abschluss der Zählung ebenfalls abgeschlossen ist.

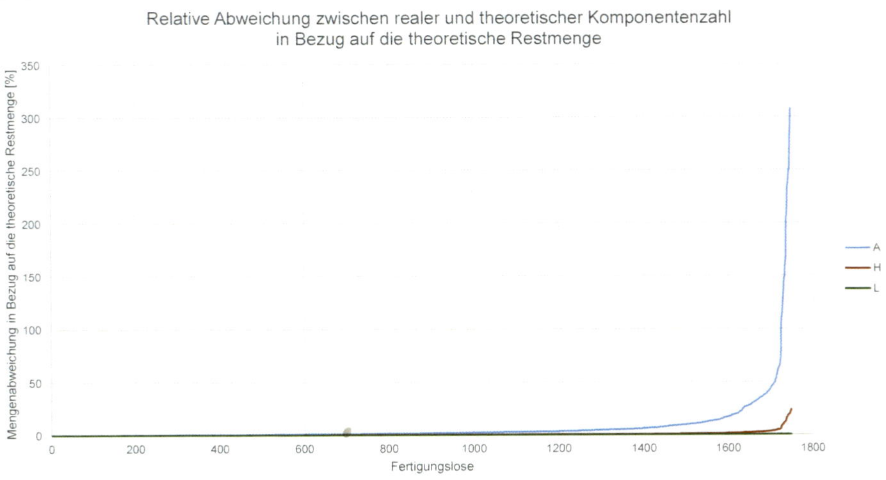

Abbildung 72: Relative Abweichung zwischen realer und theoretischer Komponentenzahl in Bezug aus die theoretische Restmenge; Szenarienvergleich (Szeanrien A, H, L)

Es ist festzustellen, dass das Verhalten der Mengenabweichungen dem erwarteten Systemverhalten entspricht.

5.2.4 Sensitivitätsanalyse

Für die Sensitivitätsanalyse werden die Bearbeitungszeiten der Produkte variiert und mit Festwerten von 1 Sekunde, 2 Sekunden und 6 Sekunden versehen. Es wird erwartet, dass die Gesamtbearbeitungszeit sich ebenso verdoppelt oder verdreifacht. Die Sensitivitätsanalyse wird anhand des Szenarios B (Referenzszenario) durchgeführt. Wie in Abbildung 73 zu erkennen ist, führt eine Verdoppelung der Bearbeitungszeiten je Produkt bei Vorder- und Rückseite von 1 Sekunde auf 2 Sekunden zu einer Verdoppelung der Gesamtbearbeitungszeit. Werden die einzelnen Bearbeitungszeiten erneut verdreifacht (2 Sekunden auf 6 Sekunden), verdreifacht sich auch die Gesamtbearbeitungszeit. Es ist festzustellen, dass das Verhalten der Gesamtbearbeitungszeiten dem erwarteten Systemverhalten entspricht.

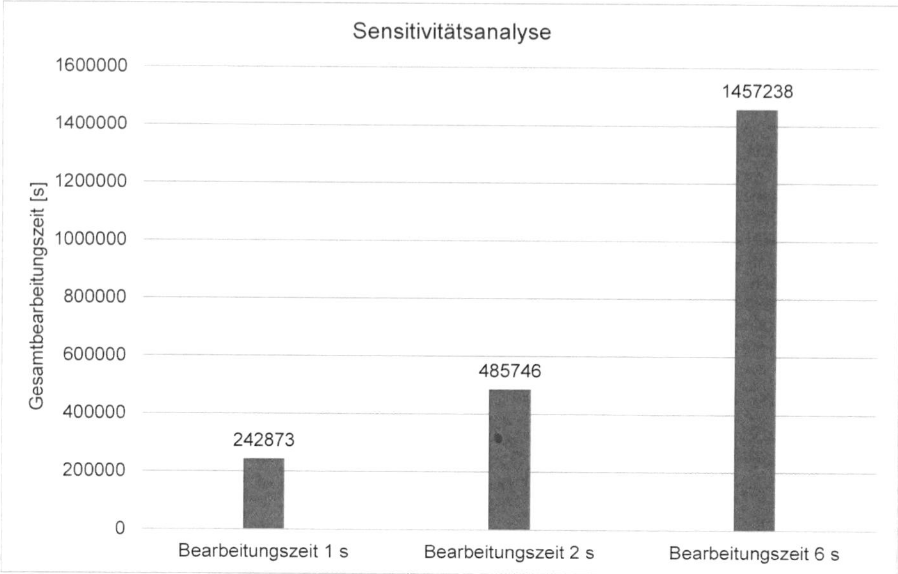

Abbildung 73: Sensitivitätsanalyse anhand der Bearbeitungszeit; Szenario B

5.3 Bewertung der Auswirkungen Digitaler Abbilder

Nach der Absicherung des Simulationsmodells durch die Verifikation und Validierung wird in diesem Kapitel die industrielle Anwendung des Simulationsmodells mit den beschriebenen Realdaten diskutiert. Zunächst wird auf die Auswirkungen unterschiedlicher Produktionsprogramme eingegangen, bevor die Haupteffekte der untersuchten Kennzahlen diskutiert werden. Anschließend erfolgt eine Diskussion der Szenarien anhand der in Kapitel 3.1.4 beschriebenen Spinnennetzdiagramme. Der beschriebene vollfaktorielle Versuchsplan aus Tabelle 11 wird für fünf unterschiedliche Produktionsprogramme durchgeführt. Pro Experiment werden zehn Durchläufe durchgeführt, um den zufällig verteilten Eingangsgrößen Rechnung zu tragen. Somit ergibt sich eine Gesamtversuchszahl von n=600.

5.3.1 Ausgangssituation

Im untersuchten Unternehmen standen Investitionsentscheidungen bei der Umstellung der intralogistischen Prozesse an, die den Auslöser der Analyse darstellten. Im Ausgangszustand findet eine manuelle Lagerhaltung, keine Beachtung des Digitalen Abbilds bei der Auslagerreihenfolge und eine manuelle Bestandskorrektur statt (Szenario

B). Der mögliche Lösungsraum umfasste die Maßnahmen der Einführung eines automatisierten Lagersystems, eine isolierte Automatisierung der Bauteilzählung auf den Gebinden, eine automatisierte Bauteilzählung in physischer Verbindung mit einem automatisierten Lager und die Beachtung des Digitalen Abbilds des Produkts bei der Festlegung der Auslagerreihenfolge. Die nachfolgende Analyse dient der Entscheidungshilfe, welche Kombination der genannten Maßnahmen in Bezug auf die gewählten Kennzahlen die Gewinnbringendste ist.

5.3.2 Auswirkung der Produktionsreihenfolge

Bevor auf die Auswirkungen der Parametervariationen in den Szenarien eingegangen wird, soll zunächst untersucht werden, ob die Produktionsreihenfolge des Produktionsprogramms signifikanten Einfluss auf die untersuchten Kennzahlen hat. Hierzu werden die Haupteffekte für die Kennzahlen aufgetragen. Anschließend wird bewertet, ob die Produktionsreihenfolge im Vergleich zur Art der Lagerhaltung, der Nutzung der Digitalen Abbilder des Produkts und der Art der Bestandskorrektur einen signifikanten Einfluss hat. Die Analysen wurden mit Minitab 18 durchgeführt.

Wie in Abbildung 74 und Abbildung 75 zu erkennen ist, hat die Produktionsreihenfolge des Produktionsprogramms auf keine Kennzahl einen signifikanten Einfluss. Der Grund liegt in der zufällig gewählten Produktionsreihenfolge innerhalb der unterschiedlichen Produktionsprogramme, die mit Sim2 bis Sim6 beschrieben sind. Zwar bietet eine Optimierung der Reihenfolge innerhalb des Produktionsprogramms einen Hebel für Optimierungen, insbesondere hinsichtlich der Rüstzeiten. Das untersuchte Unternehmen als EMS Dienstleister hat kaum Einfluss auf den Zeitpunkt und die Art der Bestellungen seiner Kunden, sodass die Produktionsreihenfolge keine Optimierungsmöglichkeit bietet. Ebenso liegt dies nicht im Fokus der Untersuchung zur Auswirkung Digitaler Abbilder. Aufgrund dieser Tatsachen wird im Folgenden die Produktionsreihenfolge nicht weiter betrachtet und die n=600 Experimentdurchläufe mit zwölf Szenarien als Gesamtdatensatz untersucht. Die Histogramme der Messdaten für alle Szenarien und Kennzahlen finden sich im Anhang 1.

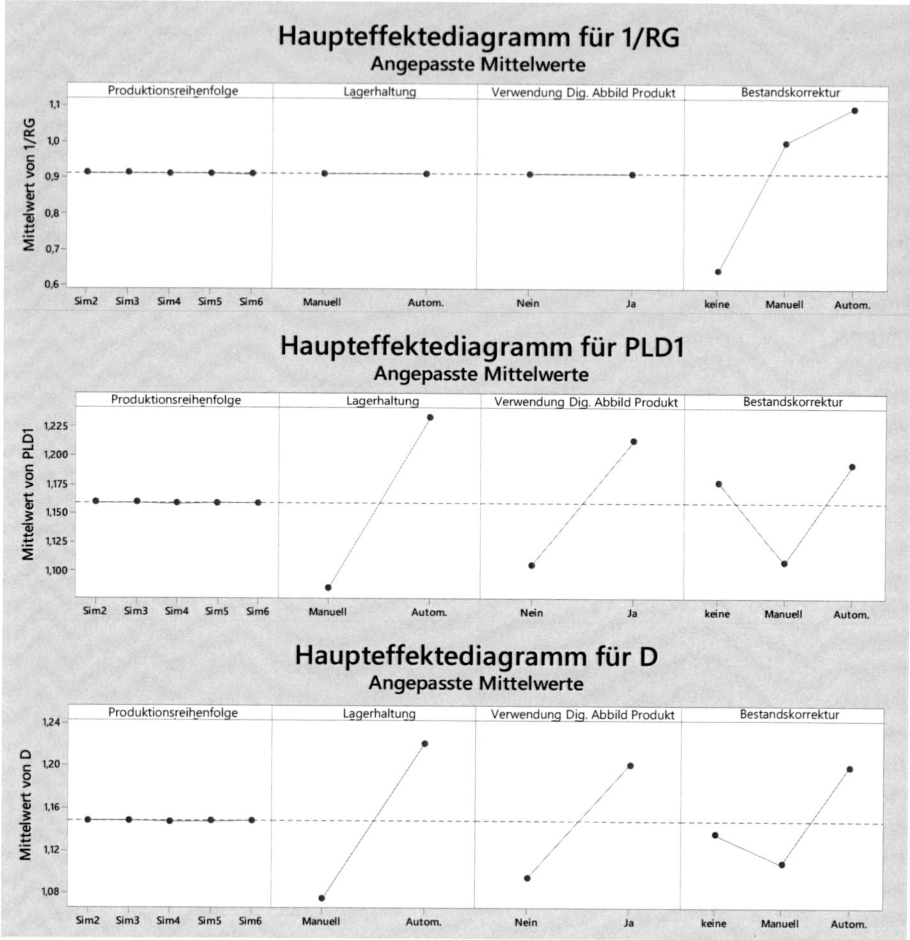

Abbildung 74: Haupteffektediagramme für 1/RG, PLD1, D; (RG: Rüstgrad; PLD1: mittlerer Durchführungszeitantei; D: Durchsatz)

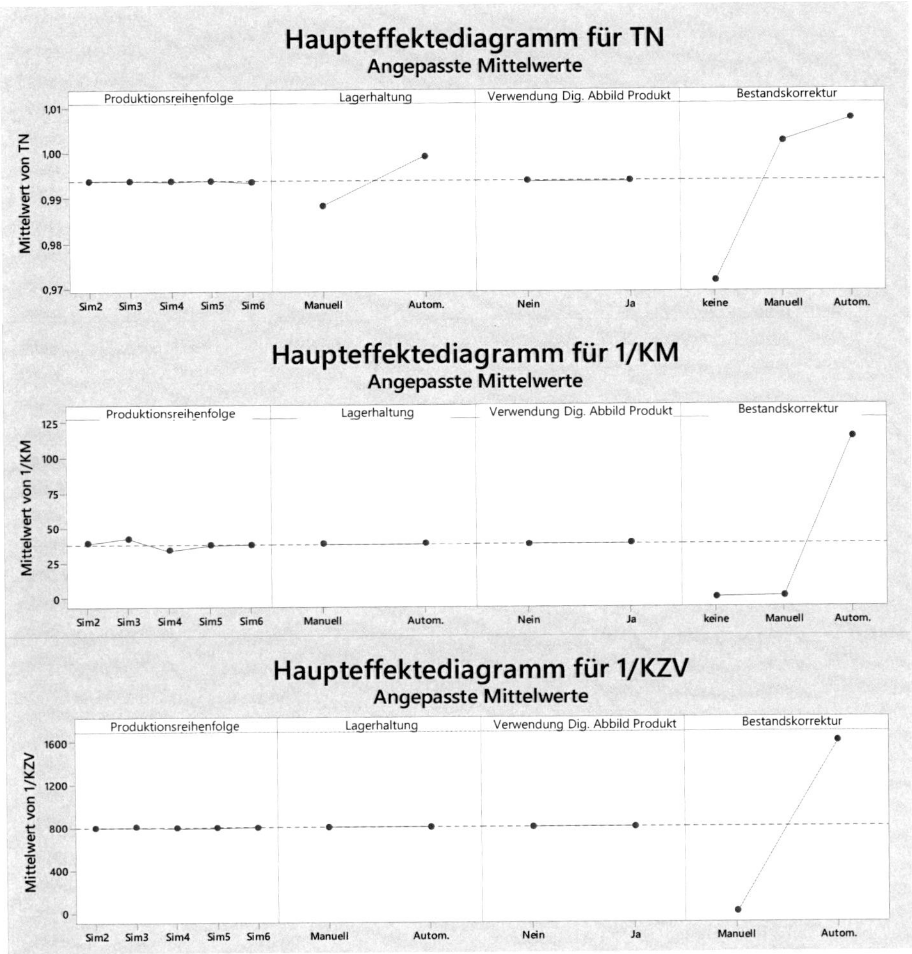

Abbildung 75: Haupteffektediagramme für TN, 1/KM, 1/KZV; (TN: technischer Nutzgrad; KM: Kennzahl für Mengenabweichungen; KZV: Kennzahl für den zeitlichen Verzug)

5.3.3 Haupteffekte

In diesem Kapitel werden die Haupteffekte der einzelnen Kennzahlen diskutiert und die unterschiedlichen Einflüsse erläutert. Es wird zunächst ausschließlich auf die Sensitivitäten der Kennzahlen eingegangen, ein direkter Vergleich der Szenarien erfolgt in Kapitel 5.4. Die Wechselwirkungsdiagramme der Kennzahlen finden sich in Anhang 2.

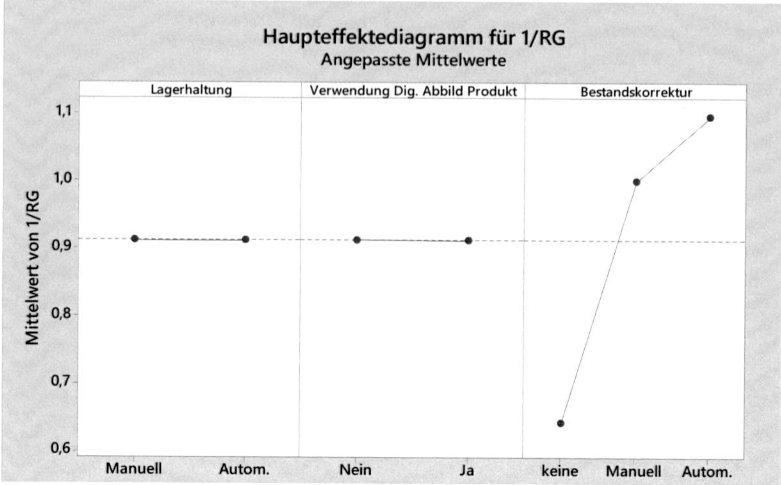

Abbildung 76: Haupteffektediagramm 1/RG; (RG: Rüstgrad)

Der Rüstgrad reagiert ausschließlich auf die Art der Bestandskorrektur sensitiv, wie in Abbildung 76 zu erkennen ist. Eine Verbesserung zwischen keiner Bestandskorrektur und einer manuellen Bestandskorrektur ist stärker ausgeprägt als zwischen einer manuellen und automatisierten Bestandskorrektur. Für die Kennzahl Rüstgrad werden in Szenarien mit automatisierter Bestandskorrektur die besten Werte erreicht. Dies begründet sich in der Abnahme der notwendigen Nachrüstvorgänge bei störungsbedingten Unterbrechungen aufgrund ungeplant nicht verfügbaren Materials.

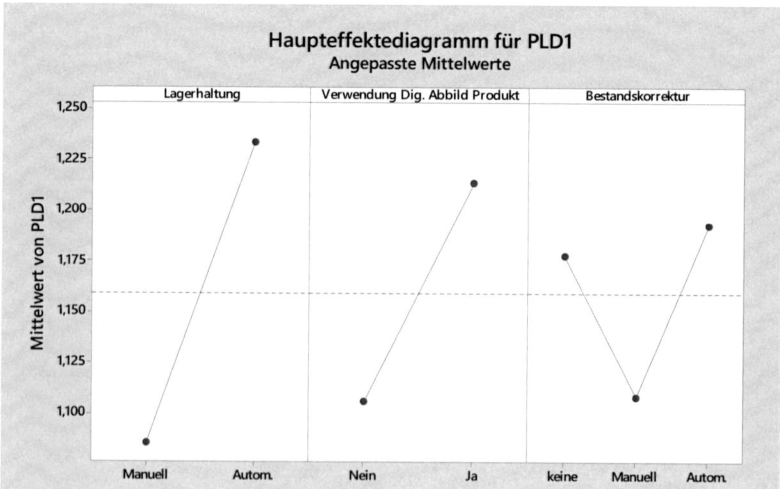

Abbildung 77: Haupteffektediagramm PLD1; (PLD1: mittlerer Durchführungszeitanteil)

PLD1 weist für jeden Parameter eine Sensitivität auf, wie Abbildung 77 zeigt. Für die Kennzahl werden in Szenarien mit automatisierter Bestandskorrektur und mit Verwendung des Digitalen Abbilds des Produkts die besten Werte erreicht. Dies begründet sich in der Verkürzung der Auslagerzeiten bei automatisierter Lagerhaltung und dem Wegfall der Sortierzeiten, falls das Digitale Abbild des Produkts bei der Auslagerung herangezogen wird. Differenzierter ist das Bild bei der Bestandskorrektur. Hier überwiegt der Aufwand einer manuellen Bestandskorrektur über dem positiven Effekt des korrigierten Bestands. Die besten Werte werden bei einer automatisierten Bestandskorrektur erreicht.

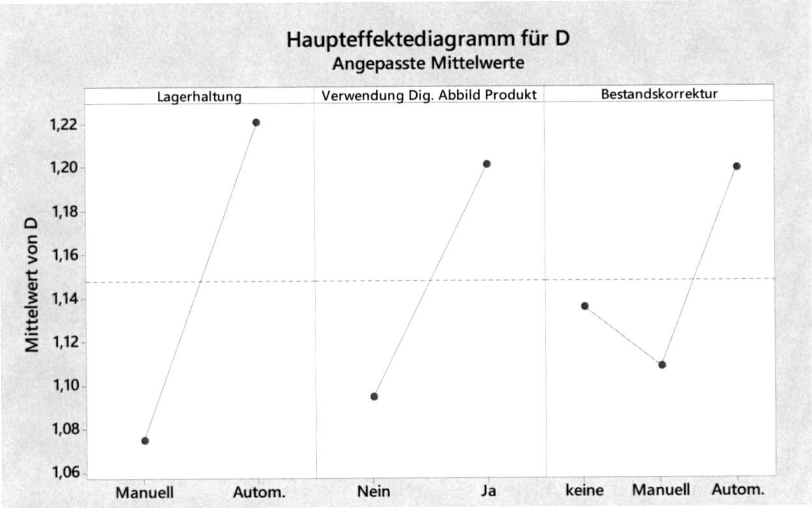

Abbildung 78: Haupteffektediagramm D; (D: Durchsatz)

Abbildung 78 ist zu entnehmen, dass die Richtung der Sensitivität der Kennzahl D gleich derer der Kennzahl PLD1 ist, jedoch eine unterschiedliche Steigung aufweist. Dies begründet sich in der Tatsache, dass bei D lediglich der Nenner eine Sensitivität aufweist. Die produzierte Menge bleibt immer gleich. Bei PLD1 weisen sowohl Zähler als auch Nenner eine Sensitivität auf die Parameter auf, siehe auch Abbildung 25.

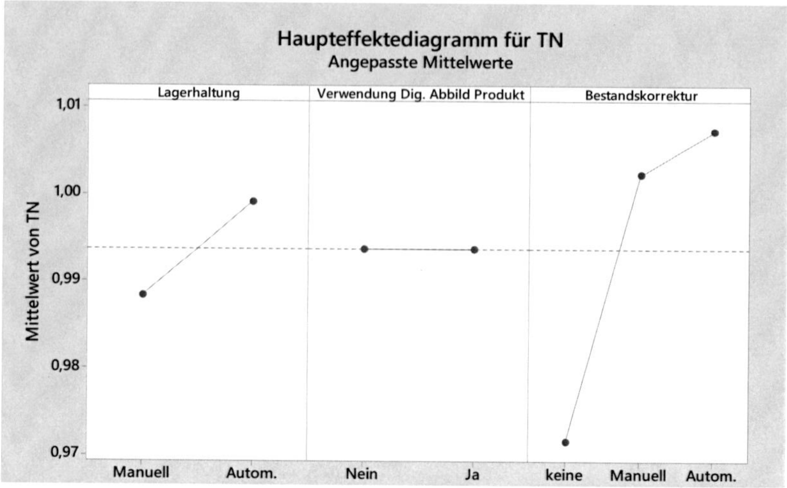

Abbildung 79: Haupteffektediagramm TN; (TN: technischer Nutzgrad)

Die Kennzahl TN weist eine Sensitivität auf die Lagerhaltung und Bestandskorrektur auf, wie Abbildung 79 zu entnehmen ist. Eine automatisierte Lagerhaltung verkürzt die störungsbedingten Unterbrechungen, da fehlendes Material während der Produktion schneller nachgeliefert werden kann. Durch eine Bestandskorrektur kann von vornherein ein Teil der störungsbedingten Unterbrechungen vermieden werden, da die Digitalen Abbilder der Gebinde korrigiert werden. Die besten Werte werden hier bei einer automatisierten Bestandskorrektur erreicht.

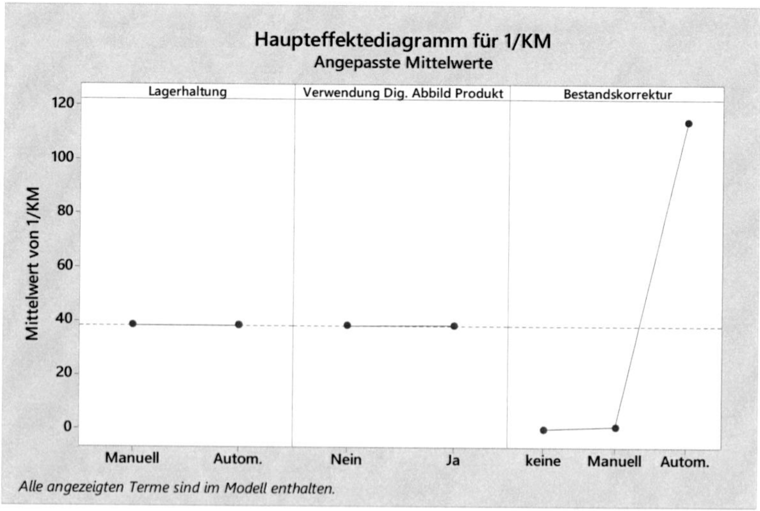

Abbildung 80: Haupteffektediagramm 1/KM; (KM: Kennzahl für Mengenabweichungen)

Die Kennzahl 1/KM reagiert lediglich auf die Art der Bestandsführung sensitiv. Die besten Werte werden hier bei einer automatisierten Bestandskorrektur erreicht. Durch die vergleichsweise langen Zeiten bis zur Korrekturbuchung bei einer manuellen Bestandskorrektur von mehreren Tagen ist ein Effekt auf die Kennzahl zwischen keiner und der manuellen Bestandskorrektur zu erkennen, in seiner Ausprägung aber deutlich geringer als zwischen der manuellen und automatisierten Bestandskorrektur.

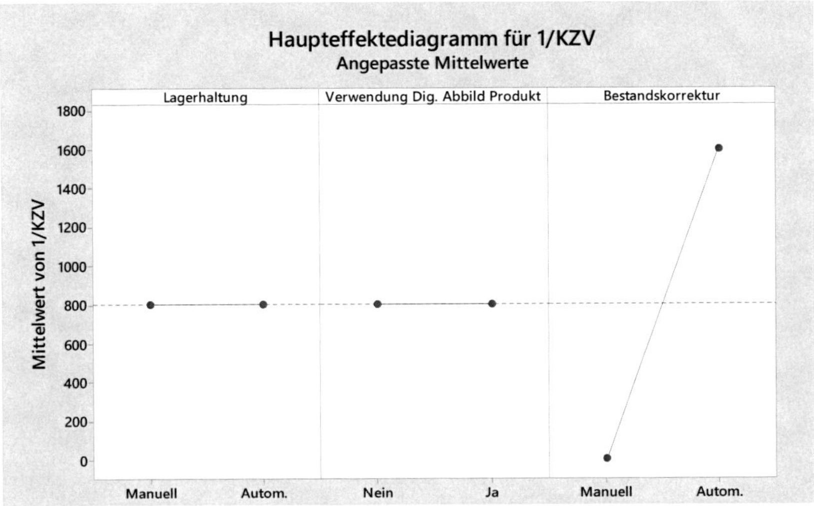

Abbildung 81: Haupteffektediagramm 1/KZV; (KZV: Kennzahl für den zeitlichen Verzug)

Abbildung 81 zeigt, dass die Kennzahl 1/KZV sensitiv auf die Art der Bestandskorrektur reagiert. Da bei einer automatisierten Bestandskorrektur die Aktualisierungszeit signifikant kürzer ist, das heißt 10 Sekunden anstatt mehrerer Tage, weist die Kennzahl eine starke Sensitivität mit den besten Werten bei einer automatisierten Bestandskorrektur auf. Findet keine Bestandskorrektur statt, kann diese Kennzahl nicht erhoben werden, da kein zeitlicher Verzug bis zur Aktualisierung angegeben werden kann.

5.3.4 Zusammenfassung der Simulationsergebnisse

Abschließend zu diesem Unterkapitel finden sich in Tabelle 15 die Werte der Simulationsläufe in tabellarischer Form auf drei Nachkommastellen genau. Die Tabelle wird herangezogen, um in der folgenden Diskussion der Ergebnisse die Zahlenwerte zu ermitteln. Die nachfolgende Diskussion in Kapitel 5.4 fokussiert sich auf eine Beschreibung der Zusammenhänge, die zu der Kennzahlkonstellation in den Szenarien führt.

Tabelle 15: Zusammenfassung der Simulationsergebnisse; Angabe der Mittelwerte; n=50 Versuche pro Szenario; (RG: Rüstgrad; PLD1: mittlerer Durchführungszeitanteil; D: Durchsatz; TN: technischer Nutzgrad; KM: Kennzahl für Mengenabweichungen; KZV: Kennzahl für den zeitlichen Verzug)

Szenario	Kennzahl					
	1/RG	PLD1	D	TN	1/KM	1/KZV
A	0,642	1,045	1,008	0,958	0,083	n.a.
B	0,999	1,000	1,000	0,999	0,999	1,001
C	1,095	1,069	1,075	1,006	113,939	1600,675
D	0,642	1,138	1,098	0,958	0,082	n.a
E	0,999	1,087	1,089	0,999	1,013	0,996
F	1,094	1,170	1,177	1,006	114,736	1600,675
G	0,642	1,200	1,158	0,985	0,083	n.a.
H	0,999	1,117	1,117	1,004	1,009	0,999
I	1,094	1,200	1,206	1,007	114,006	1600,675
J	0,642	1,324	1,277	0,985	0,082	n.a.
K	0,999	1,227	1,227	1,004	0,990	0,998
L	1,094	1,329	1,336	1,007	114,322	1600,675

5.4 Diskussion der Ergebnisse

Nachdem die Kennzahlen im Einzelnen anhand der Haupteffekte beleuchtet und prozentuale Verbesserung und Verschlechterungen aufgezeigt wurden, werden in diesem Kapitel die Szenarien im gesamten Kennzahlensystem verglichen und diskutiert, welche der untersuchten Szenarien, ausgehend vom Ausgangsszenario B, mögliche Verbesserungen darstellen. Hierbei können Kennzahlen gegenläufige Tendenzen aufweisen. Bevor die Szenarien in einer Übersicht in Spinnennetzdiagrammen dargestellt werden, sind in einer Matrix in Tabelle 16 die Szenarien aufgetragen. Die Matrix ermöglicht es, auf einen Blick abzulesen, welche Automatisierungs- und Digitalisierungsmaßnahmen in den Szenarien vorliegen. Szenario H hat beispielsweise eine automatisierte Lagerhaltung, eine manuelle Bestandskorrektur, das heißt einen Digitalen Schatten der Gebinde, und das Digitale Abbild des Produkts wird nicht genutzt. Die Anordnung der Szenarien im zentralen, weißen Teil der Matrix entspricht der Anordnung der Spinnennetzdiagramme in Abbildung 82.

Die anschließende Gegenüberstellung der Szenarien erfolgt nach folgendem Vorgehen: Zunächst erfolgt ein Vergleich von Szenarien, die sich nur in der Nutzung des Digitalen Abbilds des Produkts unterscheiden. Anschließend werden Szenarien verglichen, die sich in der Art der Lagerhaltung unterscheiden. Abschließend werden die Szenarien verglichen, die sich in der Art der Bestandsführung unterscheiden. Es werden die Mittelwerte der Messreihen aufgetragen, die Histogramme der Messdaten für alle Szenarien und Kennzahlen finden sich im Anhang. Ergänzend zu Balkendiagrammen werden in Tabellen[70] die prozentualen Änderungen der Kennzahlen in den Szenarienvergleichen aufgezeigt, um eine Vergleichbarkeit der Sensitivitäten, insbesondere, wenn diese gering ausfallen, zu ermöglichen. In den Szenarienvergleichen werden die Kennzahlen betrachtet, die in den Haupteffektediagrammen eine Sensitivität aufweisen. Abschließend werden in diesem Kapitel die Ergebnisse hinsichtlich der in Kapitel 1.2 definierten Ziele diskutiert und ein Fazit zu den Kombinationen aus Digitalisierungs- und Automatisierungsmaßnahmen gezogen.

Tabelle 16: Übersicht der untersuchten Szenarien

		Bestandskorrektur				
		Keine	Manuell (Digitaler Schatten des Gebindes)	Automatisiert (Digitaler Zwilling des Gebindes)		
Lagerhaltung	manuell	A	B	C	Nein	Nutzung Digitales Abbild Produkt (Digitales Modell)
	manuell	D	E	F	Ja	
	automatisiert	G	H	I	Nein	
	automatisiert	J	K	L	Ja	

In den einzelnen Spinnennetzdiagrammen sind die Skalierungen der Achsen gleichbleibend, um eine leichte, visuelle Vergleichbarkeit zu erreichen. Die Angabe der Minima und Maxima der Achsen findet sich in der Beschriftung der Abbildung 82, auf ein Auftragen in den Diagrammen wurde verzichtet, um die Übersichtlichkeit zu gewährleisten. Die aufgetragenen Werte der Kennzahlen sind die Mittelwerte der

[70] Die prozentualen Änderungen werden auf zwei Nachkommastellen angegeben

Messreihen, normiert mit dem ersten Simulationslauf des Ausgangszustands in Szenario B. Dieser bildet in der folgenden Diskussion der Ergebnisse den Startpunkt in der industriellen Erprobung.

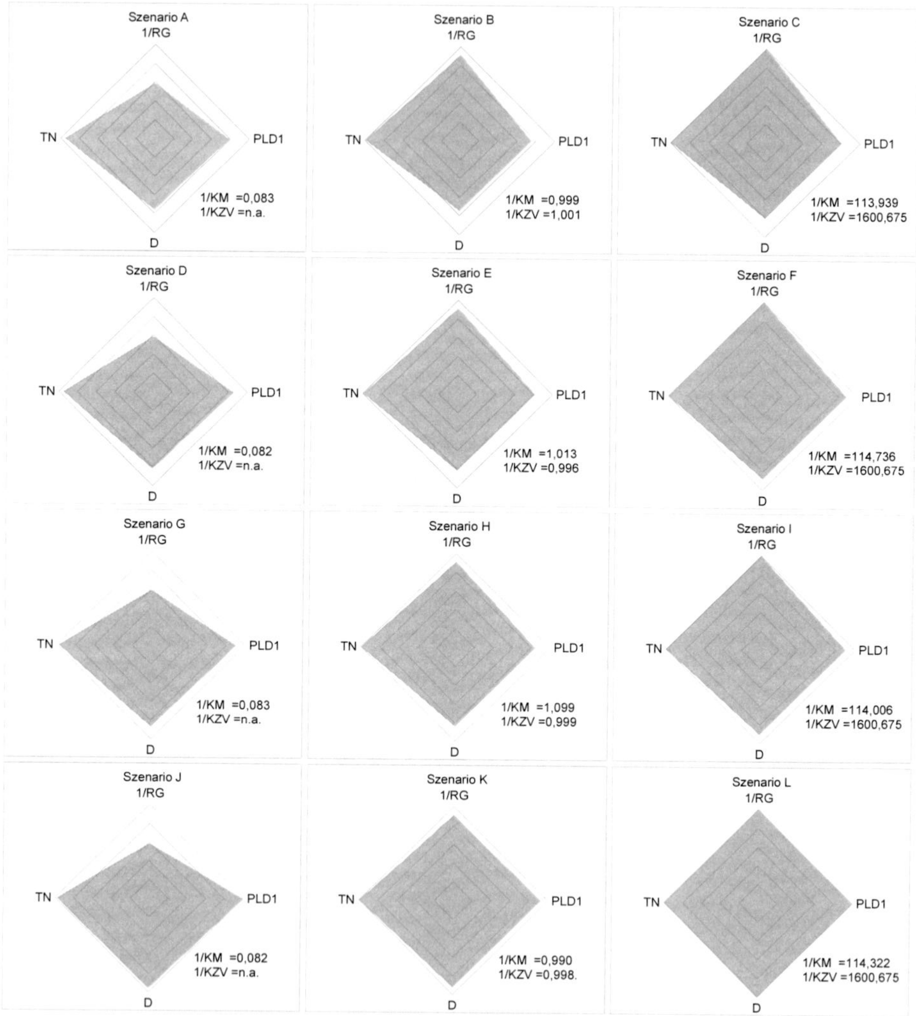

Abbildung 82: Spinnennetzdiagramme der Szenarien (Skalierung: Minimum für alle Kennzahlen: 0; Maxima: 1/RG: 1,095; PLD1: 1,392; D: 1,336; TN: 1,007); (RG: Rüstgrad; PLD1: mittlerer Durchführungszeitanteil; D: Durchsatz; TN: technischer Nutzgrad; KM: Kennzahl für Mengenabweichungen; KZV: Kennzahl für den zeitlichen Verzug)

5.4.1 Nutzung des Digitalen Abbilds des Produkts

Szenarien, die sich in der Nutzung des Digitalen Abbilds des Produkts unterscheiden, werden folgenden Vergleichen unterzogen: A-D; B-E; C-F; G-J; H-K; I-L. Wie den Haupteffektediagrammen zu entnehmen ist, reagieren die Kennzahlen D und PLD1 sensitiv auf die Nutzung des Digitalen Abbilds des Produkts. Im Vergleich der Szenarien ergibt sich nachfolgendes Bild, die zu vergleichenden Szenarien sind jeweils nebeneinander in Abbildung 83 aufgetragen.

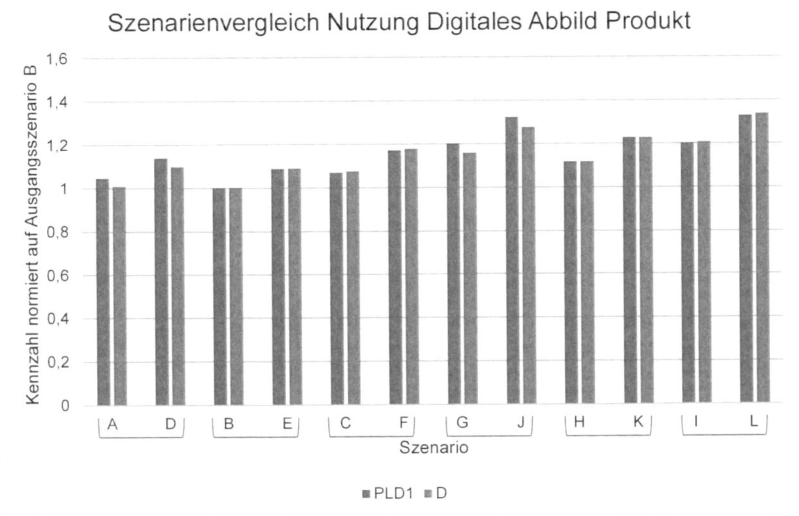

Abbildung 83: Szenarienvergleich Nutzung Digitales Abbild Produkt; (PLD1: mittlerer Durchführungszeitanteil; D: Durchsatz)

Es ist zu erkennen, dass die Nutzung des Digitalen Abbilds des Produkts in jedem Szenarienvergleich einen positiven Effekt aufweist, jedoch in unterschiedlichen Ausprägungen. Tabelle 17 zeigt die prozentualen Änderungen zwischen den Szenarien auf.

Tabelle 17: Szenarienvergleich Nutzung Digitales Abbild Produkt: Prozentuale Änderung; (PLD1: mittlerer Durchführungszeitanteil; D: Durchsatz)

Szenarienvergleich	Prozentuale Änderung	
	D	PLD1
A-D	+ 8,85	+ 8,85
B-E	+ 8,92	+ 8,75
C-F	+ 9,49	+ 9,49
G-J	+10,29	+10,29
H-K	+ 9,87	+ 9,88
I-L	+10,77	+10,76

Die Nutzung des Digitalen Abbilds des Produkts hat einen signifikant positiven Einfluss auf die Kennzahlen D und PLD1, da durch die Auslagerung der Gebinde in der benötigten Reihenfolge der Prozessschritt des Sortierens komplett entfällt. Hierdurch wird die Durchlaufzeit positiv beeinflusst. Die Effekte sind bei der Nutzung automatisierter Lagerhaltung etwas stärker ausgeprägt, die Parameter weisen eine Wechselwirkung[71] auf, die in Abbildung 84 dargestellt ist. Da die DLZ in Szenarien mit automatisierter Lagerhaltung geringer ist, wirkt sich das Wegfallen der Sortierzeiten prozentual stärker aus. Da die DLZ in diesen Szenarien geringer ist, fallen die Kennzahlen D und PLD1 positiver als in Szenarien mit manueller Lagerhaltung aus, siehe Abbildung 83.

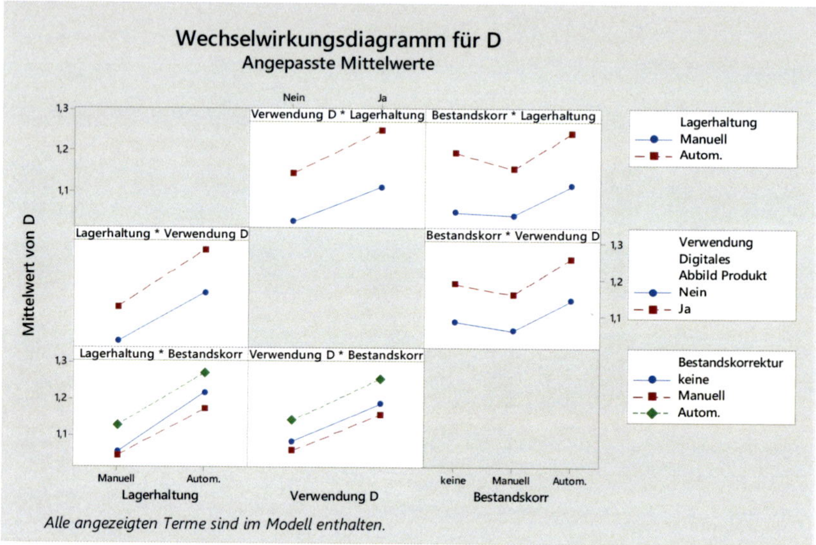

Abbildung 84: Wechselwirkungsdiagramm D; (D: Durchsatz)

5.4.2 Art der Lagerhaltung

Szenarien, die sich in der Art der Lagerhaltung unterscheiden, werden folgenden Vergleichen unterzogen: A-G, B-H, C-I, D-J, E-K, F-L. Wie den Haupteffektediagrammen zu entnehmen ist, reagieren die Kennzahlen D, PLD1 und TN sensitiv auf die Art der Lagerhaltung. Im Vergleich der Szenarien ergibt sich nachfolgendes Bild, die zu vergleichenden Szenarien sind jeweils nebeneinander in Abbildung 85 aufgetragen.

[71] Wechselwirkungsdiagramm der Kennzahl PLD 1 in Anhang 2: Wechselwirkungsdiagramme der Kennzahlen

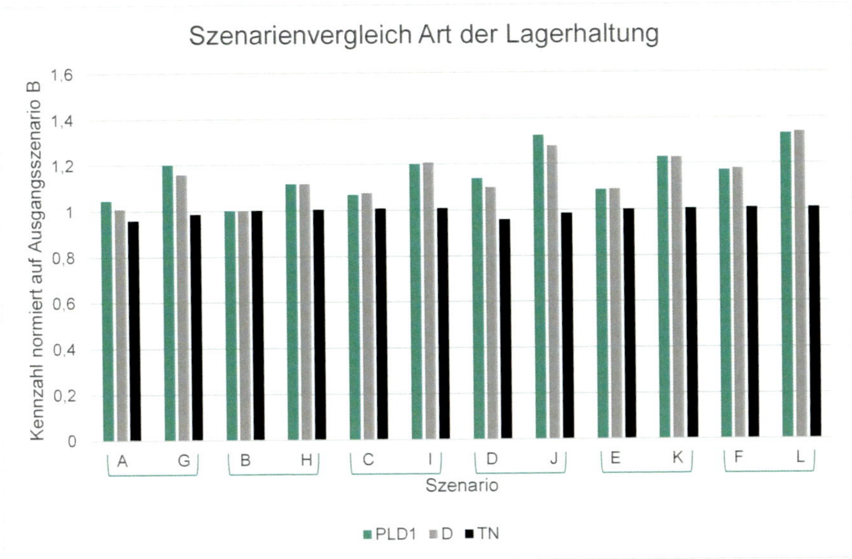

Abbildung 85: Szenarienvergleich Art der Lagerhaltung; (PLD1: mittlerer Durchführungszeitanteil; D: Durchsatz; TN: technischer Nutzgrad)

Es ist zu erkennen, dass die Automatisierung der Lagerhaltung in jedem Szenarienvergleich einen positiven Effekt aufweist, jedoch in unterschiedlichen Ausprägungen. Tabelle 18 zeigt die prozentualen Änderungen zwischen den Szenarien auf.

Tabelle 18: Szenarienvergleich Art der Lagerhaltung: Prozentuale Änderung; (PLD1: mittlerer Durchführungszeitanteil; D: Durchsatz; TN: technischer Nutzgrad)

Szenarienvergleich	Prozentuale Änderung		
	D	PLD1	TN
A-G	+14,82	+14,82	+2,82
B-H	+11,69	+11,70	+0,45
C-I	+12,21	+12,21	+0,08
D-J	+16,34	+16,34	+2,81
E-K	+12,67	+12,85	+0,46
F-L	+13,52	+13,52	+0,08

Die Kennzahlen PLD1 und D weisen bei Szenarien mit einer Nutzung des Digitalen Abbilds des Produkts eine höhere Sensitivität auf, die auf die in Kapitel 5.4.1 genannte Wechselwirkung zurückzuführen ist. Die Werte für TN besitzen eine geringere Sensitivität mit den größten Effekten bei Szenarien ohne Bestandskorrektur. Da die Hauptnutzzeiten HNZ in allen Simulationsläufen gleich bleibt, unterliegt bei der Berechnung der Kennzahl TN gemäß Formel (*3-9*) nur die Zeit für störungsbedingte Unterbrechungen einer

Schwankung. Bei Szenarien ohne Bestandskorrektur treten im Verlauf der Simulation mehr störungsbedingte Unterbrechungen aufgrund nicht verfügbaren Materials auf. Bei manueller und automatisierter Bestandskorrektur nehmen diese Zeiten ab. Somit schlägt sich der Unterschied zwischen automatisierter und manueller Lagerhaltung umso stärker nieder, je öfter eine störungsbedingte Unterbrechung aufgrund nicht verfügbaren Materials auftritt und in deren Folge Material ausgelagert werden muss, um die Fertigung fortsetzen zu können. Diese starke Wechselwirkung ist im Wechselwirkungsdiagramm in Abbildung 86 gut zu erkennen.

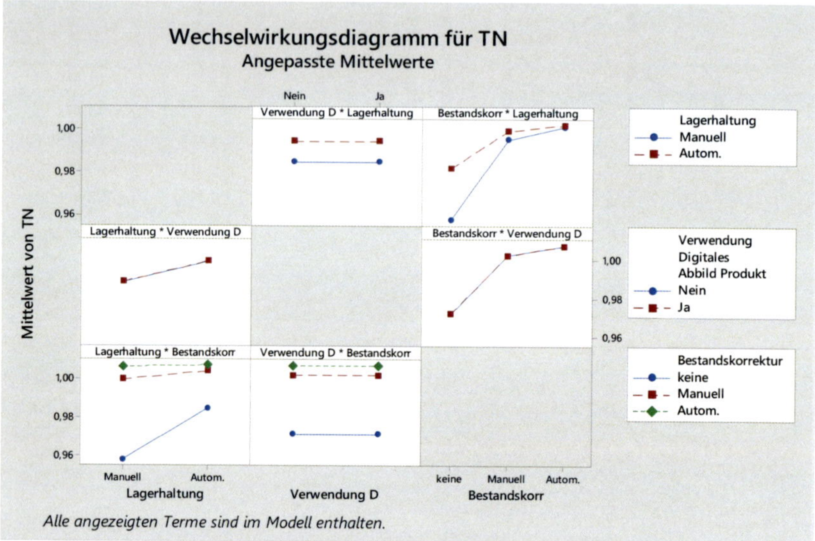

Abbildung 86: Wechselwirkungsdiagramm TN; (TN: technischer Nutzgrad)

Die Art der Lagerhaltung hat, wie Tabelle 18 zu entnehmen ist, einen sehr großen Einfluss auf die Kennzahlen D, PLD1 und TN. Dies resultiert aus der Reduktion der Ein- und Auslagerzeiten und der MVE und somit der Reduzierung der DLZ. Die positiven Effekte einer automatisierten Lagerhaltung wirken sich umso stärker aus, wenn das Digitale Abbild des Produkts bei der Festlegung der Auslagerreihenfolge Beachtung findet.

5.4.3 Art der Bestandskorrektur: Integrationstiefe Digitales Abbild Gebinde

Szenarien, die sich in der Art der Bestandskorrektur unterscheiden, werden folgenden Vergleichen unterzogen: A-B, B-C, D-E, E-F, G-H, H-I, J-K, K-L. Wie den Haupteffektediagrammen zu entnehmen ist, reagieren die Kennzahlen D, PLD1, TN, 1/RG, 1/KM und 1/KZV sensitiv auf die Art der Bestandskorrektur. Da die Bestandskorrektur ein Parameter mit drei Stufen (keine, manuell, automatisiert) ist, werden acht Szenarienvergleiche durchgeführt. Im Vergleich der Szenarien ergibt sich nachfolgendes Bild, die zu vergleichenden Szenarien sind jeweils nebeneinander in Abbildung 87 aufgetragen.

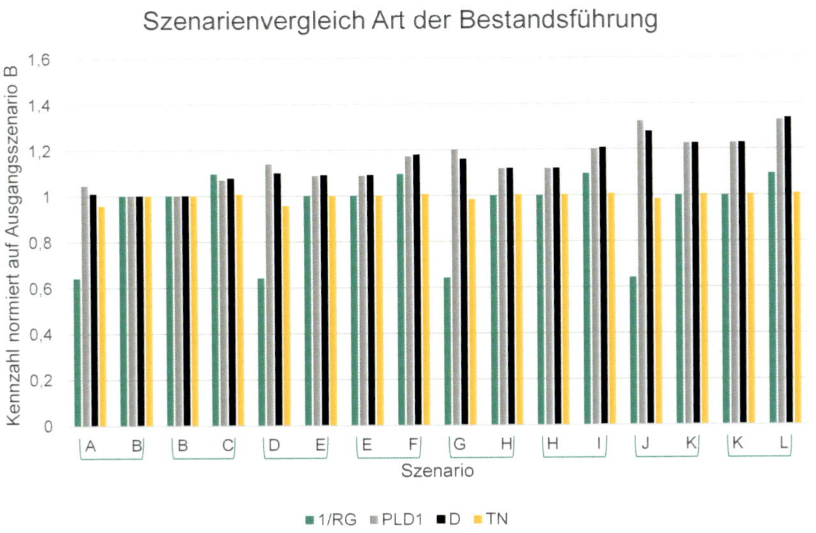

Abbildung 87: Szenarienvergleich Art der Bestandsführung; (RG: Rüstgrad; PLD1: mittlerer Durchführungszeitanteil; D: Durchsatz; TN: technischer Nutzgrad)

In Abbildung 87 ist zu erkennen, dass die Kennzahl 1/RG im Vergleich der Szenarien ohne und mit manueller Bestandskorrektur einer signifikanten Verbesserung unterliegt. Zwischen Szenarien mit manueller Bestandsführung und automatisierter Bestandsführung ist erneut eine Verbesserung ersichtlich, die geringer ausfällt. Bei der Kennzahl D ist eine Verschlechterung beim Szenarienvergleich zwischen keiner Bestandsführung und manueller Bestandsführung zu erkennen. Dies resultiert aus dem erheblichen Zeitaufwand für die manuelle Zählung der Gebinde. Durch die stark verzögerte Aktualisierung des Digitalen Abbilds kann der Zeitaufwand für die Datenerhebung nicht aufgewogen werden. Vergleicht man die Szenarien mit manueller Lagerhaltung mit Szenarien automatisierter Lagerhaltung, weist die Kennzahl D eine höhere Sensitivität bei Szenarien mit automatisierter Lagerhaltung auf. Da der Anteil der manuellen Zählzeiten im Vergleich zu den Ein- und Auslagerzeiten bei automatisierter Lagerhaltung ein größeres Gewicht hat als in Szenarien mit manueller Lagerhaltung, ist die prozentuale Verschlechterung entsprechend höher[72]. TN erfährt eine Verbesserung von keiner über manuelle bis hin zur automatisierten Bestandsführung. Die Effekte sind bei Szenarien mit automatisierter Lagerhaltung etwas geringer, die Begründung dieses

[72] PLD1 errechnet sich aus dem Verhältnis von BAZ und DLZ, die beide in den Szenarien veränderlich sind. Beim Vergleich bestimmter Szenarien können sich D und PLD1 unterschiedlich entwickeln. Eine Erläuterung findet sich in Kapitel 5.4.3

Verhaltens kann Kapitel 5.4.2 nachvollzogen werden. Tabelle 19 können die Zahlenwerte der Veränderungen im Szenarienvergleich entnommen werden.

Tabelle 19: Szenarienvergleich Art der Bestandsführung Kennzahlen 1/RG, D, PLD1, TN: Prozentuale Änderung; (RG: Rüstgrad; D: Durchsatz; PLD1: mittlerer Durchführungszeitanteil; TN: technischer Nutzgrad)

Szenarienvergleich	Prozentuale Änderung			
	1/RG	D	PLD1	TN
A-B	+55,73	-0,85	-4,36	+4,38
B-C	+9,51	+7,55	+6,93	+0,68
D-E	+55,61	-0,79	-4,45	+4,37
E-F	+9,56	+8,10	+7,66	+0,69
G-H	+55,68	-3,56	-6,96	+1,98
H-I	+9,50	+8,04	+7,43	+0,31
J-K	+55,66	-3,92	-7,31	+1,98
K-L	+9,55	+8,92	+8,30	+0,31

Die Kennzahlen 1/KM und 1/KZV weisen ausschließlich eine Sensitivität für die Art der Bestandsführung auf. 1/KZV kann nur für Szenarien mit manueller und automatisierter Bestandskorrektur erhoben werden, 1/KM für alle Szenarien.

Tabelle 20: Szenarienvergleich Art der Bestandsführung Kennzahlen 1/KM, 1/KZV: Prozentuale Änderung; (KM: Kennzahl für Mengenabweichungen; KZV: Kennzahl für den zeitlichen Verzug)

Szenarienvergleich	Prozentuale Änderung	
	1/KM	1/KZV
A-B	+1103,14	n.a.
B-C	+11300,12	+159796,91
D-E	+1122,25	n.a.
E-F	+11222,67	+160553,35
G-H	+1115,62	n.a.
H-I	+11197,71	+160080,56
J-K	+1096,13	n.a.
K-L	+11436,88	+160262,81

Wie in Tabelle 20 zu erkennen ist, weisen die Kennzahlen 1/KM und 1/KZV eine sehr hohe Sensitivität in Bezug auf die Art der Bestandskorrektur auf. 1/KM wird deutlich besser, wenn statt keiner eine manuelle Bestandskorrektur stattfindet. Bei einer automatisierten Bestandskorrektur wird 1/KM erneut um eine Zehnerpotenz besser. Dies stimmt mit den Beobachtungen des Monitorings in Kapitel 5.2.3 überein. 1/KZV kann lediglich zwischen Szenarien mit manueller und automatisierter Bestandskorrektur verglichen werden. Es liegt eine rund 1600-fache Verbesserung der Kennzahl 1/KZV bei den Szenarienvergleichen vor. Dies ist in der langen Zeitdauer bis zur Aktualisierung des Digitalen Abbilds des Gebindes bei manueller Bestandskorrektur geschuldet. Sie beträgt, wie in Abbildung 63 zu erkennen ist, mehrere Tage. Bei der automatisierten Bestandskorrektur ist diese Zeit signifikant reduziert und errechnet sich aus der Anzahl der zu zählenden Gebinde pro Los und der automatisierten Zählzeit von 10 Sekunden.

Bei der Betrachtung der Integrationstiefe des Digitalen Abbilds des Gebindes ergibt sich ein differenziertes Bild. Ausgehend von Szenario B [73] verbessern sich die Kennzahlen D und PLD1 beim kompletten Weglassen einer Bestandskorrektur[74] geringfügig, obwohl 1/RG eine signifikante, TN eine leichte Verschlechterung in Szenario A erfährt. Dies begründet sich in den vermehrt auftretenden, störungsbedingten Unterbrechungen aufgrund nicht verfügbaren Materials und den damit einhergehenden zusätzlichen Rüstvorgängen. Der Aufwand zur Erfassung der Daten für die Erzeugung eines Digitalen Schattens führt zu dem Effekt, dass D und PLD1 sinken. Es liegt ein Produktivitätsverlust vor und die MVE weist ein großes Gewicht im Vergleich zur eigentlichen Produktion auf. Eine deutliche Verbesserung durch die Erzeugung eines Digitalen Schattens des Gebindes erfährt die Kennzahl 1/KM, da die Bestände auf den Gebinden im Lager überhaupt eine Korrektur erfahren, wenn auch mit einer signifikanten zeitlichen Verzögerung. Für 1/KZV können keine Tendenzen ermittelt werden, da die Kennzahl für Szenarien ohne Bestandskorrektur nicht erhoben werden kann. Die beschriebenen Effekte sind im Vergleich der ersten mit der zweiten Spalte der Matrizen in Abbildung 82 und Tabelle 16 zu erkennen[75].

Wird das Digitale Abbild des Gebindes in einer höheren Integrationstiefe, als Digitaler Zwilling, im Produktionssystem genutzt, ergibt sich in der Kennzahl D eine signifikante Verbesserung[76]. Die Entwicklung der Kennzahl PLD1 soll anhand der Szenarienvergleiche G-I und J-L genauer erläutert werden. Da durch die vorliegende Automatisierung der Lagerhaltung und der Nutzung des Digitalen Zwillings der Gebinde in Szenario I und L sowohl BAZ als auch DLZ sinken, ist das Verhältnis der beiden Zahlen, also PLD1, in einem ähnlichen Bereich wie in den Szenarien G und I angesiedelt. Dies bedeutet lediglich, dass das Gewicht der MVE gegenüber der eigentlichen Produktion vergleichbar ist. Für ein ganzheitliches Bild des Produktionssystems ist deswegen zwingend D gleichzeitig zu betrachten, denn selbst bei gleichbleibendem Verhältnis von BAZ und DLZ können beide Zahlen in Szenarienvergleichen auf einem niedrigeren oder höheren Niveau liegen.

Tabelle 21: Szenarienvergleich Digitales Abbild Gebinde; prozentuale Änderung; (D: Durchsatz; PLD1: mittlerer Durchführungszeitanteil)

Szenarienvergleich	Prozentuale Änderung	
	D	PLD1
A-C	+6,62	+2,26
D-F	+7,24	+2,86
G-I	+4,20	-0,05
J-L	+4,65	+0,37

Es ist zu beachten, dass in der vorliegenden Arbeit die Annahme getroffen wird, dass nachzulieferndes Material im Lager verfügbar ist. Der Einfluss der stark verbesserten Kennzahlen 1/KM und 1/KZV hat einen unweit höheren Einfluss, wenn nicht das gesamte

[73] Es liegt ein Digitaler Schatten des Gebindes vor
[74] D.h. es wird kein Digitales Abbild des Gebindes erzeugt
[75] Szenarienvergleiche A-B, D-E, G-H, J-K
[76] Szenarienvergleiche B-C, E-F, H-I, K-L

Material im Lager verfügbar ist, sondern bestellt werden muss. Hier können Beschaffungszeiten mit in die Betrachtung einbezogen werden, die den Einfluss der Digitalen Abbilder der Gebinde ein deutliches höheres Gewicht geben. Dies liegt nicht im Betrachtungsrahmen der Arbeit, der in Kapitel 1 definiert wurde. Im Ausblick wird auf eine mögliche Erweiterung des Modells eingegangen.

5.4.4 Beurteilung der industriellen Erprobung

Die Beurteilung der industriellen Erprobung soll anhand der Zielstellung der Arbeit in Bezug auf die Anwendung im industriellen Umfeld erfolgen.

Ein Ziel der Arbeit ist es, die Auswirkungen verbesserter Datenerhebung und -nutzung vor deren Implementierung anhand eines Kennzahlensystems zu bewerten. Die Arbeit zeigt, dass eine Bewertung der Nutzung Digitaler Abbilder anhand bereits vorhandener Daten möglich ist. Das entwickelte Konzept zeigt Datenquellen auf, die eine Simulation der Nutzung Digitaler Abbilder erlaubt, ohne Mehraufwände in der Datenerhebung zu generieren. Dies ist von zentraler Bedeutung, da so eine Bewertung vorgenommen werden kann, ohne im Vorfeld möglicher Investitionen in die Datenerfassung investieren zu müssen. Die Bestandsdaten erlauben das Abbilden unterschiedlicher Integrationsstufen Digitaler Abbilder und die Ableitung von Szenarien. Verändern sich Integrationstiefen oder Parameter der eingesetzten Technologien, kann eine Prognose des Nutzens erfolgen, ohne die Simulationslogik anzupassen.

Weiteres Ziel war die Bewertung der Auswirkung von Digitalen Abbildern in der Intralogistik auf Produktionszellen und Produktionssysteme. Für die Nutzung Digitaler Abbilder in der Intralogistik ergibt sich ein differenziertes Bild, welches nachfolgend erläutert wird.

Die Nutzung des Digitalen Abbilds des Produkts in den Prozessen der MVE führt zu einer signifikanten Verbesserung in den Kennzahlen D (Durchsatz) und PLD 1 (mittlerer Durchführungszeitanteil). Im Gegensatz zu der Nutzung des Digitalen Abbilds des Gebindes wird eine Integrationsstufe, das Digitale Modell, untersucht. Da die Daten des Digitalen Modells des Produkts für die Fertigung ohnehin vorliegen müssen, ist ein Heranziehen dieser Daten ohne weiteren Aufwand in der Datenerfassung für eine Optimierung der MVE (Materialver- und entsorgung) nutzbar. Für die Nutzung des Digitalen Abbilds des Produkts ist keine hardwaretechnische Anpassung notwendig, es muss lediglich einmalig die Auslagerreihenfolge angepasst werden. Unabhängig von anderen Parametern führt diese Digitalisierungsmaßnahme zu deutlichen Verbesserungen in den Kennzahlen und ist darüber hinaus einfach zu realisieren.

Die Nutzung des Digitalen Abbilds der Gebinde ist, je nach Integrationstiefe, differenziert zu betrachten. Die Umsetzung als Digitaler Schatten durch eine manuelle Datenübergabe erzeugt einen derart großen Aufwand in der MVE, dass die Kennzahlen D und PLD1 negativ beeinflusst werden. Die Vermeidung von SU (störungsbedingte Unterbrechungen) kann diesen Effekt nicht aufwiegen. Es ist jedoch zu beachten, dass die Kennzahl 1/KM (Kennzahl für Mengenabweichung), also die Genauigkeit der erfassten, eingelagerten Menge im Lager, eine signifikante Verbesserung erfährt. Die Arbeit befasst sich mit intralogistischen Betrachtungen. Lieferzeiten bei eventuell zu tätigenden Bestellungen aufgrund falscher Bestände werden nicht mit in Betracht gezogen. Erweitert man die Analyse dahingehend, ist der positive Effekt der verbesserten Kennzahl 1/KM unweit höher zu bewerten.

Die Nutzung des Digitalen Abbilds der Gebinde als Digitaler Zwilling hat auf die Kennzahlen 1/RG (1/Rüstgrad), TN (technischer Nutzgrad), D, 1/KM und 1/KZV (1/Kennzahl für den zeitlichen Verzug) einen positiven Einfluss, PLD1 verbessert sich im Vergleich zu Szenarien mit Digitalem Schatten und ist in etwa gleich mit Szenarien ohne Digitalem Abbild des Gebindes. Durch das sofortige Aktualisieren des zum Gebinde gehörenden Datensatzes werden SU signifikant reduziert. Dies beeinflusst die Kennzahl TN, und D positiv. Die Rüstvorgänge nehmen ab, 1/RG entwickelt sich somit auch positiv. Durch die kurze Aktualisierungszeit erfahren 1/KM und 1/KVZ eine weitere Verbesserung. Dem gegenüber steht, dass Investitionen für die Einbindung des Zählvorgangs in das ERP notwendig werden. Allerdings wird hierdurch eine Ersparnis von Personalkosten für das manuelle Übertragen der Zählergebnisse in das ERP erzielt.

Es ist festzuhalten, dass Digitalisierungsmaßnahmen, wenn sie in der falschen Integrationstiefe umgesetzt werden, einen negativen Einfluss auf die Effizienz eines Produktionssystems haben können. Eine genaue Definition des gewünschten Nutzens und eine Analyse der möglichen Lösungen ist von hoher Bedeutung vor der Implementierung und Nutzung Digitaler Abbilder in der Produktion. Insbesondere ist das Zusammenspiel mit Automatisierungstechnologie zu beachten.

Darüber hinaus war es Ziel der vorliegenden Arbeit, die Wechselwirkung mit Automatisierungsmaßnahmen zu analysieren. Das entwickelte Verfahren erlaubt es, Wechselwirkungen zwischen Digitalisierung und Automatisierung, die bei einigen der gewählten Kennzahlen beobachtet werden können, zu untersuchen, wie in den vorangegangenen Kapiteln diskutiert wurde. So können Automatisierungslösungen signifikant höhere Auswirkungen in Szenarien ohne die Nutzung Digitaler Abbilder haben als in Szenarien mit der Nutzung Digitaler Abbilder. Die Art der Lagerhaltung hat beispielsweise in Szenarien ohne die Nutzung Digitaler Abbilder des Gebindes eine deutliche Auswirkung, wohingegen in Szenarien mit Digitalem Schatten und Digitalem Zwilling der Effekt deutlich geringer ausfällt, siehe Abbildung 86. Als Fazit ist festzuhalten, dass die Bewertung der Nutzung Digitaler Abbilder im Kontext bereits vorhandener oder in Zukunft zu implementierender Automatisierungstechnologien zu sehen ist. Erst die Betrachtung der Kombination erlaubt eine fundierte Aussage darüber, welche Technologie im bestehenden Produktionssystem starke und welche schwache Effekte entfaltet. Diese Erkenntnisse sind im Rahmen von Investitionsentscheidung von zentraler Bedeutung.

Tabelle 22: Qualitative Auswirkung der Nutzung Digitaler Abbilder

		Qualitative Bewertung			
		Personalaufwand in der MVE	Effizienz des Produktionssystems	Integrationsaufwand	Bestandsgenauigkeit
Untersuchte Nutzung Digitaler Abbilder	Digitales Abbild Produkt (Digitales Modell)	sinkt	steigt	gering, einmalig	n.a.
	Digitales Abbild Gebinde (Digitaler Schatten)	steigt	sinkt	gering, wiederkehrend	steigt
	Digitales Abbild Gebinde (Digitaler Zwilling)	sinkt	steigt	hoch, einmalig	steigt

In der durchgeführten industriellen Erprobung ergibt sich nachfolgende Handlungsempfehlung: Die Erzeugung des Digitalen Schattens des Gebindes geht mit Effizienzverlusten in der Produktion einher und ist durch die manuelle Datenpflege sehr personalaufwändig. Auf die positiven Effekte der fortlaufenden Bestandskorrektur, also der Erzeugung eines Digitalen Abbilds, sollte nicht verzichtet werden. Stillstandszeiten verringern sich signifikant, ebenso der Rüstgrad. Nichtverfügbarkeit von Material während der Fertigung kann zu deutlich längeren Unterbrechungen führen, wenn das benötigte Material nicht mehr im Lager verfügbar ist, sondern bestellt werden muss. Der Aufwand der Inventur bei einer fortlaufenden Bestandskorrektur wird darüber hinaus minimiert. Das Digitale Abbild des Gebindes sollte in der höchsten Integrationsstufe, dem Digitalen Zwilling, erfolgen. Die Nutzung des Digitalen Abbilds des Produkts, in diesem Fall ein Digitales Modell, zur Festlegung der Auslagerreihenfolge sollte umgesetzt werden. Mit einer geringen Anpassung der Auslagerreihenfolge können Sortierzeiten signifikant reduziert werden. Der Aufwand in der Implementierung ist gering. Eine automatisierte Lagerhaltung hat starke positive Effekte auf die relevanten Kennzahlen, ist jedoch mit der größten Investition verbunden. Der immense personelle Aufwand bei manueller Auslagerung ist dem entgegenzustellen und der geringere Durchsatz zu bewerten. In Bezug auf die Kennzahlen empfiehlt sich eine automatisierte Lagerhaltung, diese sollte jedoch einer detaillierten, betriebswirtschaftlichen Analyse unterzogen werden.

5.4.5 Diskussion des Verfahrens im Hinblick auf die Zielstellung

Die Diskussion im Hinblick auf die Zielstellung erfolgt in tabellarischer Form (Tabelle 23). In der ersten Spalte ist die Anforderung formuliert, die zweite Spalte beurteilt den Grad der Zielerreichung, in der dritten Spalte findet sich die Diskussion, die der Beurteilung zugrunde liegt. Der Grad der Zielerreichung wird mit Hilfe von Harvey Balls dargestellt, ein schwarz gefüllter Harvey Ball entspricht einer Zielerreichung von 100%.

Tabelle 23: Diskussion des Verfahrens im Hinblick auf die Zielstellung

Anforderung	Grad der Zielerreichung	Diskussion
Bewertung der Nutzung Digitaler Abbilder	●	Das entwickelte Verfahren erlaubt es, simulationsgestützt eine Bewertung der Nutzung Digitaler Abbilder in der Intralogistik durchzuführen. Hierbei werden Digitale Abbilder des Produkts und der Gebinde in der Lagerhaltung untersucht. Die Anwendung der Digitalen Abbilder manifestiert sich in Ausprägungen und Kombinationen von Parametern der Simulation. Das Vorgehen, Digitalisierungsmaßnahmen mit Parametersets auszudrücken, ist universell einsetzbar und übertragbar. Eine Bewertung findet, ausgehend von einem Ausgangszustand, statt, um relative Verbesserungen und Verschlechterungen zu erkennen. Die Anforderung wurde in vollem Umfang erreicht.
Bewertung unterschiedlicher Integrationstiefen des Digitalen Abbilds	●	Es werden verschiedene Integrationstiefen Digitaler Abbilder im Rahmen der Arbeit bewertet. Sie umfassen Digitale Modelle, Schatten und Zwillinge. Das Digitale Abbild des Produkts wird als Digitales Modell untersucht, das Digitale Abbild des Gebindes als Digitaler Schatten und Digitaler Zwilling. Das Abbilden der Integrationstiefen über Parametersets erlaubt es, das Simulationsmodell bei Bedarf durch die Bildung eines weiteren Parametersets zu erweitern, ohne die Logik des Simulationsmodells anpassen zu müssen. Dasselbe gilt für auszuleitende Kennzahlen. Die Anforderung wurde in vollem Umfang erreicht.

Bewertung der Wechselwirkung mit Automatisierungmaßnahmen in der Intralogistik	◕	Das Verfahren erlaubt es, die Kombination von Automatisierungsmaßnahmen und Digitalisierungsmaßnahmen zu bewerten und Wechselwirkungen transparent zu machen. Die Automatisierungsmaßnahmen können ebenfalls mit Hilfe von Parametersets modelliert werden und sind von der Modelllogik unabhängig. In der industriellen Erprobung werden die Kombinationen von Automatisierung und Digitalisierung untersucht, die zur Realisierung in Betracht kommen. Andere Kombinationen können im Modell durch weitere Szenarien einfach abgebildet werden, wurden in der Arbeit aber nicht untersucht, da sie nicht im Lösungsraum liegen. Die Anforderung wurde somit weitestgehend erreicht.
Analyse auf Basis von Bestandsdaten	●	Eine Herausforderung der Untersuchung der Auswirkung der Nutzung Digitaler Abbilder liegt in der ex ante noch nicht verfügbaren Datenbasis. Das Verfahren greift deshalb auf Daten aus bestehenden Systemen zu, um die Auswirkung der Nutzung Digitaler Abbilder bewerten zu können. Das Verfahren greift ausschließlich auf Bestandsdaten und technische Spezifikationen zurück. Zur Durchführung der Analyse ist deshalb kein erhöhter Aufwand zur Datenerhebung notwendig. Die Anforderung wurde in vollem Umfang erreicht.
Prognosefähigkeit zur Investitionsabsicherung	◕	Das Verfahren stützt sich auf die Bewertung der Szenarien auf Basis eines Kennzahlensystems, das ohne Änderung der Modelllogik angepasst werden kann. Auf eine monetäre Bewertung wird verzichtet, da diese je nach untersuchtem Unternehmen starken Schwankungen unterliegen kann[77]. Ein Kennzahlensystem, das die Leistungsfähigkeit des Produktionssystems, der Produktionszelle und der Digitalen Abbilder bewertet, ist universell einsetzbar und kann leicht mit den jeweiligen monetären Faktoren verrechnet werden. Dennoch ist dies abschließend ein notwendiger Schritt in der Investitionsabsicherung, der leicht, auf individuelle Rahmenbedingungen angepasst, ergänzt werden kann. Die Anforderung wurde somit weitestgehend erreicht.

[77] Bspw. Personalkosten

6 Zusammenfassung

Die Digitalisierung in der Produktion stellt Unternehmen vor neuartige Investitionsentscheidungen und die damit einhergehende Herausforderung einer Bewertung der neuen Technologien. Diese Bewertung bildet die Grundlage für zukunftssichere Investitionen und erfordert eine Darlegung des Nutzens. Neben klassischen Kennzahlen in der Produktion haben Kennzahlen zur Darstellung der Leistungsfähigkeit von Digitalisierungsmaßnahmen hier eine hohe Bedeutung, insbesondere, wenn unterschiedliche Integrationstiefen von Digitalisierungsmaßnahmen betrachtet werden.

Unter den Digitalisierungsmaßnahmen ist die Erzeugung und Nutzung Digitaler Abbilder in jüngster Vergangenheit in den Fokus der Forschung gerückt. Ausgehend von einem Konzept der 1980er Jahre in der Raumfahrt, gewinnt das Thema in Bereichen der Produktentwicklung, wie auch im Betrieb von Produktionssystemen zunehmend an Bedeutung. Die vorliegende Arbeit konzentriert sich auf die Analyse der Nutzung Digitaler Abbilder der Integrationstiefen Digitales Modell, Digitaler Schatten und Digitaler Zwilling im Produktionssystem. In Industrien mit einer bereits sehr umfangreichen Datenerfassung, wie beispielsweise der Elektronikindustrie, können mit teils überschaubaren Investitionen Digitale Abbilder erzeugt und einer Nutzung zugeführt werden. Soll ein Digitales Abbild im Produktionsumfeld eingesetzt werden, muss die Nutzung eines Digitalen Abbilds im Vorfeld bewertet und Wechselwirkungen mit bestehenden Technologien in Betracht gezogen werden.

Im Folgenden wird die Vorgehensweise der vorliegenden Arbeit beschrieben. Zunächst wurde ausgehend von der Motivation der Arbeit eine Zielstellung abgeleitet. Diese beinhaltet die Bewertung der Nutzung Digitaler Abbilder in der Intralogistik der Flachbaugruppenfertigung vor deren Implementierung anhand von Bestandsdaten. Die Bewertung soll anhand eines Kennzahlensystems erfolgen und die Wechselwirkungen zwischen Digitalen Abbildern und Automatisierungslösungen beachten. Nach der Darstellung des Stands der Technik in Bezug auf die Gliederung von Produktionssystemen, Kennzahlen, den Spezifika der Elektronikproduktion, der Simulation in Produktion und Logistik sowie der Digitalen Abbilder im industriellen Kontext erfolgte in der vorliegenden Arbeit die Konzeption des Verfahrens.

Als Grundlage der Bewertung wurde zunächst ein System entwickelt, das neben den Kennzahlen zur Bewertung der Produktionszelle und des Produktionssystems neu entwickelte Kennzahlen zur Bewertung der Performanz der Digitalen Abbilder enthält. Anschließend wurden die notwendigen Eingangsgrößen identifiziert und in unveränderliche Attribute und veränderliche Parameter unterteilt. Für jede Eingangsgröße wurden Datenquellen im industriellen Umfeld identifiziert. Anschließend erfolgte eine Modellformalisierung und im Zuge dieser wurde die Modelllogik und die Verrechnung der Eingangsgrößen detailliert erläutert. Ebenso wurde die Berechnung der Kennzahlen erklärt und die Sensitivitäten der Kennzahlen beschrieben. Nach der Festlegung des formalen Modells wurde die Umsetzung der Produktionszelle, des Produktionssystems, der Digitalen Abbilder und des Produkts in der Simulationsumgebung beschrieben. Das formale Modell wurde so in ein experimentierfähiges Simulationsmodell überführt. Anschließend wurde in der Arbeit ein vollfaktorieller Versuchsplan erstellt, der in zwölf möglichen Szenarien die Kombinationen von Digitalisierungs- und Automatisierungstechnologien abbildet. Diese Szenarien wurden anhand von Prozessflussdiagrammen und Zeitstrahlen erläutert und die relevanten Parameter und Prozessschritte herausgearbeitet. Das experimentierfähige Simulationsmodell wurde anschließend für die industrielle Erprobung herangezogen. Zunächst wurde die Datengrundlage der industriellen Erprobung dargelegt und beschrieben. Anschließend erfolgte die Verifikation und Validierung des Modells, um sicherzustellen, dass das Modell das reale Verhalten des Systems abbildet.

Abschließend wurde die Auswirkung der Nutzung Digitaler Abbilder bewertet und diskutiert. Das entwickelte Verfahren erlaubt eine Bewertung der Nutzung Digitaler Abbilder in der Intralogistik der Flachbaugruppenfertigung. Es können verschiedene Szenarien mit unterschiedlichen Kombinationen von Digitalen Abbildern in verschiedenen Integrationstiefen und Automatisierungstechnologien in einer Simulationsumgebung analysiert werden. Das Verfahren erfüllt dabei folgende Anforderungen:

1. Die Bewertung der Nutzung Digitaler Abbilder erfolgt anhand von Bestandsdaten. Dies bedeutet, dass für die Analyse kein Mehraufwand für eine zusätzliche Datenerhebung entsteht. Die Bewertung kann ex ante zur Absicherung von Investitionsentscheidungen durchgeführt werden.
2. Es können unterschiedliche Integrationstiefen Digitaler Abbilder untersucht werden. Somit kann entschieden werden, ob eine tiefere Integration des Digitalen Abbilds nutzenbringend in Bezug auf zu erreichende Optimierungen innerhalb eines definierten Kennzahlensystems ist.
3. Die Wechselwirkung mit anderen Technologien, insbesondere Automatisierungstechnologien, wird beachtet und kann quantifiziert werden. Dies bildet die Grundlage für die Entscheidung, welche Szenarien mit zugrunde gelegten Technologiekombinationen die positivsten Effekte im Sinne eines Kennzahlensystems liefern, bevor Investitionen getätigt werden.
4. Experimentbasierte Analyse der Auswirkung der Nutzung Digitaler Abbilder: Durch die Durchführung von Simulationsexperimenten kann das Verhalten eines Produktionssystems in der Flachbaugruppenfertigung untersucht werden. Es kann eine Aussage getroffen werden, welche Integrationstiefen Digitaler Abbilder einen positiven Einfluss auf das Kennzahlensystem haben. Der Effekt kann ausgehend von einem Ausgangszustand quantifiziert werden und stellt eine belastbare Entscheidungsgrundlage dar.
5. Die Änderung der Integrationstiefen Digitaler Abbilder und die Implementierung von Automatisierungstechnologien können durch Parameteränderungen ohne eine Anpassung der Modelllogik vorgenommen werden. Dies erlaubt einen Einsatz in anderen Produktionsumfeldern, sofern die bestehende Datenbasis eine Analyse erlaubt.
6. Durch eine vollfaktorielle Versuchsplanung werden Wechselwirkungen zwischen Digitalisierung und Automatisierung analysiert und können bei der Entscheidungsfindung zur Integration Digitaler Abbilder angemessen beachtet werden.

Die Anwendung des entwickelten Verfahrens zeigt, dass die Nutzung Digitaler Abbilder einen positiven Effekt auf Kennzahlen wie Rüstgrad RG, Durchsatz D, mittlerer Durchführungszeitanteil PLD1 und technischen Nutzgrad TN haben kann. Bei bestimmten Integrationstiefen des Digitalen Abbilds, können Kennzahlen durch den erhöhten Aufwand zur Datenerhebung nachteilig beeinflusst werden. Es wird die Nutzung zweier unterschiedlicher Digitaler Abbilder, des Produkts und der Gebinde im Lager, untersucht. Das Digitale Abbild des Produkts wird in der Integrationstiefe eines Digitalen Modells untersucht, das Digitale Abbild des Gebindes in den Integrationstiefen eines Digitalen Schattens und eines Digitalen Zwillings. Die Digitalisierungstechnologien werden in Kombination mit Automatisierungstechnologien, der Automatisierung der Lagerhaltung und des Zählvorgangs, untersucht. Im Ausgangszustand der industriellen Erprobung sind die Lagerhaltung und der Zählvorgang nicht automatisiert, das Digitale Abbild des Produkts wird nicht zur Optimierung der Intralogistik verwendet. Das Digitale Abbild des Gebindes ist als Digitaler Schatten implementiert. Ausgehend vom Ausgangszustand wird im besten Szenario (Nutzung des Digitalen Modells des Produkts, des Digitalen Zwillings des Gebindes sowie automatisiertem Zählvorgang und Lagerhaltung) der Experimente eine Erhöhung des Durchsatzes D um rund 33 % erreicht. Die Verbesserung des mittleren Durchführungszeitanteils PLD1 beträgt rund 32 %. Der Rüstgrad RG verbessert sich um rund 9 %, der technische Nutzgrad TN wird um ca. 0,77 % verbessert. Sehr viel stärker fällt der Effekt für Kennzahlen, die die Digitalen Abbilder an sich bewerten aus. So verbessert sich die Kennzahl für die Mengenabweichungen zwischen dem Digitalen Abbild der eingelagerten Gebinde und den realen Mengen KM um einen Faktor von rund 114, die Kennzahl für den zeitlichen Verzug bis zur Aktualisierung KZV um einen Faktor von rund 1600.

Für die isolierte Betrachtung der Nutzung Digitaler Abbilder in der Intralogistik ergibt sich folgendes Bild für die jeweils sensitiven Kennzahlen: Allein die Nutzung des Digitalen Modells des Produkts führt zu einer Erhöhung von D um 8,92 %, PLD 1 verbessert sich um 8,75 % im Vergleich zum Ausgangszustand. Die isolierte Erhöhung der Integrationstiefe der Digitalen Abbilder der Gebinde vom Digitalen Schatten zum Digitalen Zwilling mit dem damit einhergehenden, automatisierten Zählvorgang führt zu einer Verbesserung von RG um 9,51 %, D erhöht sich um 7,55 %. PLD 1 verbessert sich um 6,93 %, TN um 0,68 %. Die Kombination der Nutzung des Digitalen Modells des Produkts mit der Nutzung des Digitalen Zwillings der Gebinde führt zu einer Erhöhung von D sowie PLD 1 um rund 17 %.

Ausgehend von den Ergebnissen der Arbeit können Anknüpfungspunkte für weitere Forschungstätigkeiten identifiziert werden. So kann untersucht werden, wie es sich innerhalb der Systemgrenze des Produktionssystems auswirkt, wenn die erfassten Daten zum ungeplanten Mehrverbrauch als Prognosedaten bei der Auslagerung von Material herangezogen werden. Ebenso können weitere Kombinationen zwischen der Nutzung Digitaler Abbilder in unterschiedlichen Integrationsgraden und Automatisierungstechnologien analysiert werden, falls der Lösungsraum für weitere industrielle Anwendungen erweitert werden soll. Um der Leistungsfähigkeit der Digitalen Abbilder Rechnung zu tragen, kann der Betrachtungsrahmen in zukünftigen Forschungsarbeiten erweitert werden. Die Nachlieferzeiten von Material, falls dieses aufgrund einer ausbleibenden Nutzung oder nicht ausreichenden Integration eines

Digitalen Abbilds des Gebindes ungeplant nicht verfügbar ist, können in das Modell integriert werden. Ebenso ist eine Erweiterung des Modells um betriebswirtschaftliche Betrachtungen, wie Investitions- und Personalkosten sowie Maschinenstundensätze denkbar. Darüber hinaus kann das Kennzahlensystem um weitere Zieldimensionen, wie einer termingerechten Belieferung des Kunden, erweitert werden.

7 Summary

Digitalization in production confronts companies with new types of investment decisions and the associated challenge of evaluating the new technologies. This evaluation forms the basis for future-proof investments and requires an analysis of the benefits. In addition to classic key performance indicators in production, key performance indicators for representing the performance of digitalization measures are of great importance here, especially when different levels of integration of digitalization measures are considered.

Among the digitalization measures, the generation and use of Digital Images has recently become the focus of research. Based on a concept from the 1980s in space travel, the topic is becoming increasingly important in the areas of product development as well as in the operation of production systems. Here, the focus is strongly on the generation of a Digital Image. Therefore, the emphasis of the present thesis is on the analysis of the use of Digital Images with integration depths Digital Model, Digital Shadow and Digital Twin in the production system. In industries with already very extensive data acquisition, such as the electronics industry, Digital Images can be generated and put to use with reasonable investments. If a Digital Image is to be used in the production environment, the use of a Digital Image must be evaluated in advance and interactions with existing technologies must be taken into account.

Following, the approach of the present thesis will be discribed. First, an aim was derived based on the motivation of the thesis. This includes the evaluation of the use of Digital Images in the intralogistics of electronic flat module production before their implementation based on existing data. The evaluation is to be carried out on the basis of a key performance indicator system and take into account the interactions with automation solutions. After the presentation of the state of the art in terms of the classification of production systems, key performance indicators, the specifics of electronics production, simulation in production and logistics as well as Digital Images in the industrial context, the conception of the method was carried out in the present thesis.

As a basis for the evaluation, a system was first developed that, in addition to the metrics for evaluating the production cell and the production system, contains newly developed metrics for evaluating the performance of the Digital Images. Then, the necessary input variables were identified and divided into invariant attributes and variable parameters. Data sources in the industrial environment were identified for each input variable. Subsequently, the model was formalized and in the course of this, the model logic and the calculation of the input variables were explained in detail. Likewise, the calculation of the key performance indicators was explained and the sensitivities of the key performance indicators were highlighted. After the formal model was defined, the implementation of the production cell, the production system, the Digital Images and the product in the simulation environment was described. The formal model was thus transformed into a simulation model suitable for experimentation. Following this, the present thesis created a full-factorial design of experiments that modeled the combinations of digitization and automation technologies in twelve possible scenarios. These scenarios were explained using process flow diagrams and time beams, and the relevant parameters and process steps were described. The experimental simulation model was then used for industrial evaluation. First, the data basis for industrial testing was presented and described. This was followed by verification and validation of the model to ensure that the model represents the real behavior of the system.

Finally, the impact of using Digital Images was evaluated and discussed. The developed method allows an evaluation of the use of Digital Images in the intralogistics of electronic flat module production. Different scenarios with different combinations of Digital Images in different depths of integration and automation technologies can be analyzed in a simulation environment. The method fulfills the following requirements:

1. The evaluation of the use of Digital Images is based on existing data. This means that the analysis does not require any additional data collection. The evaluation can be carried out ex ante to secure investment decisions.
2. Different integration depths of Digital Images can be analyzed. Thus, it can be decided whether a deeper integration of the Digital Image is beneficial with regard to the optimization to be achieved within a defined key performance indicator system.
3. The interaction with other technologies, especially automation technologies, is taken into account and can be quantified. This forms the basis for deciding which scenarios with underlying technology combinations deliver the most positive effects in terms of a key performance indicator system before investments are made.
4. Experiment-based analysis of the impact of using Digital Images: By conducting simulation experiments, the behavior of a production system in flat module production can be investigated. A prediction can be made as to which integrations of Digital Images have a positive influence on a key performance indicator system. The effect can be quantified starting from an initial state and represents a reliable basis for decision-making.
5. Changing the integration depths of Digital Images and implementing automation technologies can be done by parameter changes without adapting the model logic. This allows an application in other production environments, provided that the existing database allows an analysis.
6. Through full-factorial design of experiments, the interaction between digitization and automation is analyzed and can be appropriately considered in the decision-making process for integrating Digital Images.

The application of the developed method shows that the use of Digital Images can have a positive effect on key performance indicators such as setup ratio RG, throughput D, the mean execution time proportion PLD1 and technical efficiency TN. At certain depths of integration of the Digital Image, key performance indicators may be adversely affected by the increased effort required to gather data. The use of two different Digital Images, of the product and of the reels in the warehouse, are investigated. The Digital Image of the product is investigated in the integration depth of a Digital Model, the Digital Image of the reels in the integration depths of a Digital Shadow and a Digital Twin. The digitization technologies are studied in combination with automation technologies, the automation of the warehousing and counting process. In the initial state of industrial testing, the warehousing and counting process is not automated, and the Digital Model of the product is not used to optimize intralogistics. The Digital Image of the reels is implemented as a Digital Shadow. Starting from the initial state, an increase in throughput D of about 33 %

is achieved in the best scenario (Use of the Digital Model of the product, the Digital Twin of the reels, as well as automated counting process and warehousing) of the experiments. The improvement of the mean execution time proportion PLD1 is around 32 %. The setup ratio RG improves by about 9 %, the technical efficiency TN is improved by about 0.77 %. The effect is much stronger for key performance indicators that evaluate the Digital Images themselves. For example, the key performance indicator for the quantity deviations KM between the Digital Image of the stored reels and the actual quantities improves by a factor of around 114, while the key performance indicator for the time delay until updating KZV improves by a factor of around 1600.

An isolated analysis of the use of Digital Images in intralogistics yields the following picture for the respective sensitive key performance indicators: The use of the Digital Model of the product alone leads to an increase in D of 8.92%, PLD 1 improves by 8.75% compared to the initial state. The isolated increase in the integration depth of the Digital Images of the reels from the Digital Shadow to the Digital Twin with the associated automated counting process leads to an improvement in RG of 9.51%, D increases by 7.55%. PLD 1 improves by 6.93 %, TN by 0.68 %. The combination of the use of the Digital Model of the product with the use of the Digital Twin of the reels leads to an increase of D as well as PLD 1 of about 17 %.

Based on the results of the present thesis, starting points for further research activities can be identified. For example, it can be investigated how it affects within the system boundary of the production system if the collected data on unplanned excess consumption is used as forecast data when removing material from storage. Likewise, further combinations between the use of Digital Images in different degrees of integration and automation technologies can be analyzed if the solution space is to be extended for further industrial applications. To take the performance of the Digital Images into account, the scope of consideration can be extended in future research work. The delivery times of material, in case of unplanned unavailability due to non-use or insufficient integration of a Digital Image of the reels, can be integrated into the model. It is also conceivable to extend the model to include business management considerations such as investment and personnel costs as well as machine hourly rates. In addition, the key performance indicator system can be expanded to include other target dimensions, such as on-time delivery to the customer.

8 Abkürzungsverzeichnis

Abkürzung	Beschreibung
ASM	ASM Assembly Systems GmbH & Co. KG
AZ	Auftragszeit
B	Bestückautomat
BAZ	Bearbeitungszeit
BDI	Bundesverband der Deutschen Industrie e.V.
BLZ	Belegungszeit
BPMN	Business Process Model and Notation
BZ	Betriebszeit
CAD	Computer-aided design
D	Durchsatz
DES	Discrete Event Simulation
DFZ	Duchführungszeit
DLZ	Durchlaufzeit
EMS	Electronic Manufacturing Services
ERP	Enterprise resource planning
FBG	Flachbaugruppe
FTS	Fahrerloses Transportsystem
GM	Gutmenge
HNZ	Hauptnutzungszeit
IT	Informationstechnik
IoT	Internet of Things
KM	Kennzahl für Mengenabweichungen
KZV	Kennzahl für den Zeitlichen Verzug
LMD	Laser Material Deposition
LZ	Liegezeit
m	Anzahl der Einlagerungsvorgänge
M_R	Reale Menge
M_T	Theoretische Menge
MVE	Materialver- und entsorgung
n	Umfang einer Stichprobe, Mess- oder Experimentreihe
OEE	Overall Equipment Effectiveness
P	Produkt
$P_{1...6}$	Parameter
PBZ	Planbelegungszeit
PLC	Programmable Logic Controller
PLD 1	Mittlerer Durchführungszeitanteil
PLM	Product Lifecycle Management
PM	Produzierte Menge
PS 1	Anzahl Zugangsmaterialien je Erzeugnis

PS 2	Anzahl Zugangsmaterialien
PS 3	Anzahl Erzeugnisse
RG	Rüstgrad
SMD	Surface Mount Device
SMT	Surface Mount Technology
SU	Störungsbedingte Unterbrechungen
SZ	Stillstandszeit
t	Zeit
t_A	Zeitpunkt der Aktualisierung
t_E	Zeitpunkt Beginn Materialentsorgungsvorgänge
t_e	Ereigniszeitpunkt
Δt	Zeitdifferenz
THD	Through Hole Device
THT	Through Hole Technology
TN	Technischer Nutzgrad
TRZ	Tatsächliche Rüstzeiten
TZ	Transportzeit
VDI	Verein Deutscher Ingenieure
VDMA	Verband Deutscher Maschinen- und Anlagenbau
W	Warteschlange
Z	Zustand

9 Formelverzeichnis

10 Abbildungsverzeichnis

11 Tabellenverzeichnis

12 Literaturverzeichnis

[ABE16] Abele, Eberhard (Hg.): WGP-Standpunkt Industrie 4.0.Wissenschaftliche Gesellschaft für Produktionstechnik WGP e.V. ,Darmstadt ,2016.

[ADA08] Adam, Frederic; Humphreys, Patrick (Hg.): Encyclopedia of Decision Making and Decision Support Technologies ,IGI Global ,Hershey ,2008.

[ARN08] Arnold, Dieter (Hg.): Handbuch Logistik. 3., neu bearb. Aufl. (VDI-Buch) ,Springer ,Berlin ,2008.

[ASI97] ASIM-Arbeitsgemeinschaft Simulation- ein Fachausschuss der Gesellschaft für Informatik: ASIM-Mitteilungen aus den Fachgruppen ,1997.

[AUT18] Autiosalo, Juuso: Platform for industrial internet and digital twin focused education, research, and innovation: Ilmatar the overhead crane. In: IEEE Xplore 2018 IEEE 4th World Forum on Internet of Things (WF-IoT) ,2018.

[BAR19] Barricelli, Barbara Rita; et al: A Survey on Digital Twin: Definitions, Characteristics, Applications, and Design Implications. In: IEEE Access ,Volume 7 ,2019.

[BAU02] Baum, Joel (Hg.): The Blackwell companion to organizations ,Blackwell Publishers ,Oxford, Malden ,2002.

[BAU14] Bauernhansl, Thomas; Hompel, Michael ten; Vogel-Heuser, Birgit (Hg.): Industrie 4.0 in Produktion, Automatisierung und Logistik.Anwendung, Technologien, Migration (SpringerLink) ,Springer Vieweg ,Wiesbaden ,2014.

[BAU16] Bauernhansl, Thomas (Hg.): Industrie 4.0: Entwicklungsfelder für den Mittelstand.Fraunhofer IPA ,Stuttgart ,2016.

[BEC12] Becker, Jörg; Kugeler, Martin; Rosemann, Michael (Hg.): Prozessmanagement.Ein Leitfaden zur prozessorientierten Organisationsgestaltung. Siebte, korrigierte und erweiterte Auflage ,Springer Gabler ,Berlin, Heidelberg ,2012.

[BOG17] Bogner, Eva; et al: Intelligent vernetzte Elektronikproduktion. In: Gunther Reinhart (Hg.): Handbuch Industrie 4.0, Hanser. München ,2017.

[BOJ20] Boje, Calin; et al: Towards a semantic Construction Digital Twin: Directions for future research. In: Automation in Construction ,Volume 114, Elsevier. Amsterdam [u.a.] ,2020.

[BOT20] Botz, Max; Große, Christian: Monitoring im Rahmen eines digitalen Bauwerkszwillings.Fachtagung Bauwerksdiagnose 2020 ,2020.

[BRA18] Bracht, Uwe; Geckler, Dieter; Wenzel, Sigrid: Digitale Fabrik ,Springer ,Berlin, Heidelberg ,2018.

[BRE20] Brecher, Christian; Brockmann, Matthias: Vernetzte Produktion durch Digitale Schatten – Werkzeugmaschine 4.0. In: Walter Frenz (Hg.): Handbuch Industrie 4.0: Recht, Technik, Gesellschaft, Springer. Berlin ,2020.

[BUN14] Bundesverband Informationswirtschaft, Telekommunikation und neue Medien e.V.; Fraunhofer IAO (Hg.): Industrie 4.0.Volkswirtschaftliches Potenzial für Deutschland ,Berlin ,2014.

[CAM18] Cameron, David B.; et al: Oil and Gas digital twins after twenty years. How can they be made sustainable, maintainable and useful? In: Proceedings of The 59th Conference on Simulation and Modelling (SIMS 59), 26-28 September 2018, Oslo Metropolitan University, Norway ,153, Linköping University Electronic Press. Linköping ,2018.

[CIC19] Cichon, Torben: The Digital Twin: Mediator for Man-Machine Interaction. Unter Mitarbeit von Heinz-Jürgen Roßmann und Jochen Deuse ,2019.

[CIR17] CIRP (Hg.): CIRP Annals- Manufacturing Technology (Volume 66, Issue 1) ,Elsevier ,Amsterdam [u.a.] ,2017.

[CIR19] CIRP (Hg.): Procedia CIRP (Volume 84) ,Elsevier ,Amsterdam [u.a.] ,2019.

[CIR20] CIRP: CIRP Journal of Manufacturing Science and Technology ,Elsevier; Science Direct ,Amsterdam [u.a.] ,2020.

[CZA20] Czarnowski, Ireneusz; Howlett, Robert J.; Jain, Lakhmi C. (Hg.): Intelligent Decision Technologies.Proceedings of the 12th KES International Conference on Intelligent Decision Technologies (KES-IDT 2020). 1. ed. 2020 (Smart Innovation, Systems and Technologies, 193) ,Springer ,Singapore ,2020.

[DEM18] Demkovich, Natalia; Yablochnikov, Eugeny; Abaev, Grigory: Multiscale modeling and simulation for industrial cyber-physical systems. In: IEEE Xplore 2018 IEEE Industrial Cyber-Physical Systems (ICPS) ,2018.

[DIN95] DIN 1319-1: Grundlagen der Meßtechnik.DIN Deutsches Institut für Normung e.V., Januar 1995.

[DIN98] DIN 1313: Größen.DIN Deutsches Institut für Normung e.V., Dezember 1998.

[DOO02] Dooley, Kevin: Simulation Research Methods. In: Joel Baum (Hg.): The Blackwell companion to organizations, Blackwell Publishers. Oxford, Malden ,2002.

[DUN15] Dunke, Fabian; Nickel, Stefan: Simulation-based Optimisation in Industry 4.0Simulationsbasierte Optimierung für die Industrie 4.0. In: Markus Rabe und Uwe Clausen (Hg.): Simulation in production und logistics 2015 ,157, Fraunhofer Verl. Stuttgart ,2015.

[DYC10] Dyckhoff, Harald; Spengler, Thomas Stefan: Produktionswirtschaft.Eine Einführung. 3., überarb. und erw. Aufl. (Springer-Lehrbuch) ,Springer ,Berlin ,2010.

[ELE12] Eley, Michael: Simulation in der Logistik.Einführung in die Erstellung ereignisdiskreter Modelle unter Verwendung des Werkzeuges "Plant Simulation" (Springer-Lehrbuch) ,Springer ,Berlin, Heidelberg ,2012.

[END19] Enders, Martin Robert; Hoßbach, Nadja: Dimensions of Digital Twin Applications.A Literature Review ,Twenty-fifth Americas Conference on Information Systems ,Cancun ,2019.

[FAC97] Fachgruppe 4.5.6: Leitfaden für Simulationsbenutzer in Produktion und Logistik. In: ASIM-Mitteilungen aus den Fachgruppen ,1997.

[FEL09] Feldmann, Klaus (Hg.): Montage in der Leistungselektronik für globale Märkte.Design, Konzepte, Strategien. Unter Mitarbeit von Eberhardt schmauch. 1. Aufl. (VDI-Buch) ,Springer ,Berlin, Heidelberg ,2009.

[FER20] Ferguson, Stephen: Apollo 13: The First Digital Twin.Siemens AG. Online verfügbar unter https://blogs.sw.siemens.com/simcenter/apollo-13-the-first-digital-twin/, zuletzt geprüft am 18.07.2021 ,2020.

[FRE19] Freund, Jakob; Rücker, Bernd: Praxishandbuch BPMN.Mit Einführung in DMN. 6., aktualisierte Auflage ,2019.

[FRE20] Frenz, Walter (Hg.): Handbuch Industrie 4.0: Recht, Technik, Gesellschaft ,Springer ,Berlin ,2020.

[FUL20] Fuller, Aidan; Fan, Zhong; Day, Charles; Barlow, Chris: Digital Twin: Enabling Technologies, Challenges and Open Research. In: IEEE Access ,Volume 8 ,2020.

[GAD15] Gadatsch, Andreas: Geschäftsprozesse analysieren und optimieren.Praxistools zur Analyse, Optimierung und Controlling von Arbeitsabläufen (essentials) ,Springer Vieweg ,Wiesbaden ,2015.

[GES06] Gesellschaft für Informatik e. V. (GI); Schweizer Informatik Gesellschaft SI: Informatik Spektrum 29 ,Springer ,Berlin Heidelberg ,2006.

[GES17] Gesellschaft für Informatik e. V. (GI): Informatik Spektrum (Jahrgang 40, Heftnr. 5) ,Springer ,Berlin [u.a.] ,2017.

[GEV07] Gevatter, Hans-Jürgen; Grünhaupt, Ulrich: Elektronische Bauelemente. In: Karl-Heinrich Grote und Jörg Feldhusen (Hg.): Dubbel, Springer-Verlag. Berlin, Heidelberg, New York ,2007.

[GIL16] Gilchrist, Alasdair: Industry 4.0.The Industrial Internet of Things ,Apress ,New York ,2016.

[GRI11] Grieves, Michael: Virtually perfect.Driving innovative and lean products through product lifecycle management ,2011.

[GRI14] Grieves, Michael: Digital Twin: Manufacturing Excellence through Virtual Factory Replication.Whitepaper ,2014.

[GRI17] Grieves, Michael; Vickers, John: Digital Twin: Mitigating Unpredictable, Undesirable Emergent Behavior in Complex Systems. In: Franz-Josef Kahlen, Shannon Flumerfelt und Anabela Alves (Hg.): Transdisciplinary Perspectives on Complex Systems, Springer International Publishing. Cham, s.l. ,2017.

[GRO07] Grote, Karl-Heinrich; Feldhusen, Jörg (Hg.): Dubbel.Taschenbuch für den Maschinenbau. 22. Aufl. ,Springer-Verlag ,Berlin, Heidelberg, New York ,2007.

[GUT17] Gutenschwager, Kai; Rabe, Markus; Spieckermann, Sven; Wenzel, Sigrid: Simulation in Produktion und Logistik.Grundlagen und Anwendungen ,Springer Vieweg ,Berlin ,2017.

[HAA19] Haag, M. Sebastian: Generierung topologieinvarianter Geometrierepräsentationen für Digitale Zwillinge. 1. Auflage (Forschungsberichte aus dem Fachgebiet Datenverarbeitung in der Konstruktion, 64) ,Shaker ,Düren ,2019.

[HAM02] Hampel, Dirk: Simulationsgestützte Optimierung von Fertigungsabläufen in der Elektronikproduktion.Zugl.: Dresden, Techn. Univ., Diss., 2002. 1. Aufl. (Themenreihe, 7) ,Detert ,Templin ,2002.

[HED13] Hedtstück, Ulrich: Simulation diskreter Prozesse ,Springer ,Berlin, Heidelberg ,2013.

[HEH19] Hehenberger, Peter; et al: Mechatronic and Cyber-Physical Systems within the Domain of the Internetof Things. In: Josip Stjepandic, Nel Wognum und Wim. J. C. Verhagen (Hg.): Systems Engineering in Research and Industrial Practice ,2019.

[IEE18a] IEEE: IEEE Xplore 2018 IEEE Industrial Cyber-Physical Systems (ICPS). https://ieeexplore.ieee.org/servlet/opac?punumber=8376183, zuletzt geprüft am 17.07.2021 ,2018.

[IEE18b] IEEE: IEEE Xplore 2018 IEEE 4th World Forum on Internet of Things (WF-IoT). https://ieeexplore.ieee.org/servlet/opac?punumber=8353083, zuletzt geprüft am 17.07.2021 ,2018.

[IEE19a] IEEE: IEEE Transactions on Industrial Informatics (Vol. 15, No.4). https://ieeexplore.ieee.org/xpl/tocresult.jsp?isnumber=8681658&punumber=9424, zuletzt geprüft am 17.07.2021 ,2019.

[IEE19b] IEEE: IEEE Access (Volume 7). https://ieeexplore.ieee.org/xpl/tocresult.jsp?isnumber=8600701&punumber=6287639, zuletzt geprüft am 17.07.2021 ,2019.

[IEE19c] IEEE: IEEE Xplore 2019 9th International Electric Drives Production Conference (EDPC). https://ieeexplore.ieee.org/servlet/opac?punumber=8997530, zuletzt geprüft am 17.07.2021 ,2019.

[IEE20a] IEEE: IEEE Xplore 2019 Winter Simulation Conference (WSC). https://ieeexplore.ieee.org/servlet/opac?punumber=8977453, zuletzt geprüft am 17.07.2021 ,2020.

[IEE20b] IEEE: IEEE Access (Volume 8). https://ieeexplore.ieee.org/xpl/tocresult.jsp?isnumber=8948470, zuletzt geprüft am 17.07.2021 ,2020.

[INT15] International Federation of Automatic Control: IFAC PapersOnLine 48-3 ,Elsevier ,Amsterdam [u.a.] ,2015.

[INT18] International Federation of Automatic Control: IFAC PapersOnLine 51-11 ,Elsevier ,Amsterdam [u.a.] ,2018.

[IPC04] IPC-CM-770E: Guidelines for Printed Board Component Mounting.IPC ASSOCIATION CONNECTING ELECTRONIC INDUSTRIES, Januar 2004.

[ISO13] ISO/IEC 19510:2013(E): Information technology-Object Management Group Business Process Model and Notation.ISO/IEC, 01.07.2013.

[ISO18b] Geplante Dokumentennummer: ISO/FDIS 23247-1: Automation systems and integration - Digital Twin framework for manufacturing - Part 1: Overview and general principles.ISO/FDIS. Online verfügbar unter https://www.iso.org/standard/75066.html; https://www.din.de/de/wdc-proj:din21:283080222, zuletzt geprüft am 18.07.2021, Bearbeitungsbeginn 2018.

[ISO18c] geplante Dokumentennummer: ISO/FDIS 23247-4: Automation systems and integration — Digital Twin framework for manufacturing — Part 4: Information exchange.ISO/FDIS. Online verfügbar unter https://www.iso.org/standard/78745.html; https://www.din.de/de/wdc-proj:din21:310117791, zuletzt geprüft am 18.07.2021, Bearbeitungsbeginn 2018.

[IUR20] Iureva, Radda A.; et al: Digital Twin Technology for PipelineInspection. In: Ireneusz Czarnowski, Robert J. Howlett und Lakhmi C. Jain (Hg.): Intelligent Decision Technologies ,193, Springer. Singapore ,2020.

[JOD08] Jodlbauer, Herbert: Produktionsoptimierung.Wertschaffende sowie kundenorientierte Planung und Steuerung. Zweite, erweiterte Auflage (Springers Kurzlehrbücher der Wirtschaftswissenschaften) ,Springer-Verlag/Wien ,Vienna ,2008.

[JON20] Jones, David; Snider, Chris; Nassehi, Aydin; Yon, Jason; Hicks, Ben: Characterising the Digital Twin: A systematic literature review. In: CIRP Journal of Manufacturing Science and Technology, Elsevier; Science Direct. Amsterdam [u.a.] ,2020.

[KAH17] Kahlen, Franz-Josef; Flumerfelt, Shannon; Alves, Anabela (Hg.): Transdisciplinary Perspectives on Complex Systems.New Findings and Approaches ,Springer International Publishing ,Cham, s.l. ,2017.

[KAP11] Kapp, Ralf: Ein betriebsbegleitendes Fabriksimulationssystem zur durchgängigen Unterstützung der kontinuierlichen Fabrikadaption.Zugl.: Stuttgart, Univ., Diss., 2011 (IPA-IAO-Forschung und Praxis, 504) ,Universitätsbibliothek der Universität Stuttgart ,Stuttgart ,2011.

[KLE14] Kletti, Jürgen; Schumacher, Jochen: Die perfekte Produktion.Manufacturing Excellence durch Short Interval Technology (SIT). 2. Aufl. ,Springer Vieweg ,Berlin ,2014.

[KLO18] Klostermeier, Robin; Haag, Steffi; Benlian, Alexander: Digitale Zwillinge – Eine explorative Fallstudie zur Untersuchung von Geschäftsmodellen. In: HMD Praxis der Wirtschaftsinformatik ,Volume 55, Springer. Berlin [u.a.] ,2018.

[KLÜ06] Klügl, Franziska: Multiagentensimulation. In: Informatik Spektrum 29, Springer. Berlin Heidelberg ,2006.

[KOC14] Koch, Volkmar; Kuge, Simon; Geissbauer, Reinhard; Schrauf, Stefan: Industrie 4.0 Chancen und Herausforderungen der vierten industriellen Revolution ,PwC ,2014.

[KRI18] Kritzinger, Werner; et al: Digital Twin in manufacturing: A categorical literature review and classification. In: IFAC PapersOnLine 51-11, Elsevier. Amsterdam [u.a.] ,2018.

[KUH08] Kuhn, Axel; Wenzel, Sigrid: Simulation logistischer Systeme. In: Dieter Arnold (Hg.): Handbuch Logistik, Springer. Berlin ,2008.

[KUH17] Kuhn, Thomas: Digitaler Zwilling. In: Informatik Spektrum ,Jahrgang 40, Heftnr. 5, Springer. Berlin [u.a.] ,2017.

[LAW91] Law, Averill M.; Kelton, W. David: Simulation modeling and analysis. 2. ed., internat. ed. (McGraw-Hill international editions) ,McGraw-Hill ,New York ,1991.

[LIC15] Lichtblau, Karl; et al: Industrie 4.0-Readiness ,IMPULS-Stiftung für den Maschinenbau,den Anlagenbau und die Informationstechnik ,Aachen, Köln ,2015.

[LIM20] Lim, Kendrik Yan Hong; Zheng, Pai; Chen, Chun-Hsien: A state-of-the-art survey of Digital Twin: techniques, engineering, product lifecycle management and business innovation perspectives. In: Journal of Intelligent Manufacturing ,Volume 31, Springer. Berlin [u.a.] ,2020.

[LIN18] Linköpings universitet: Proceedings of The 59th Conference on Simulation and Modelling (SIMS 59), 26-28 September 2018, Oslo Metropolitan University, Norway (153) ,Linköping University Electronic Press ,Linköping ,2018.

[MCK15] McKinsey & Company (Hg.): Industry 4.0.How to navigate digitization of the manufacturing sector ,McKinsey Digital ,2015.

[MEL20] Melesse, Tsega Y.; Di Pasquale, Valentina; Riemma, Stefano: Digital Twin Models in Industrial Operations: A Systematic Literature Review. In: Procedia Manufacturing ,Volume 42, Elsevier. Amsterdam [u.a.] ,2020.

[MIE20] Miehe, Robert; et al: The biological transformation of industrial manufacturing – Technologies, status and scenarios for a sustainable future of the German manufacturing industry. In: Journal of Manufacturing Systems ,Volume 54, Elsevier. Amsterdam [u.a.] ,2020.

[MÖN06] Mönch, Lars: Agentenbasierte Produktionssteuerung komplexer Produktionssysteme. 1. Aufl. ,DUV Deutscher Universitäts-Verlag ,s.l. ,2006.

[NEG17] Negri, Elisa; et al: A review of the roles of Digital Twin in CPS-based production systems. In: Procedia Manufacturing ,Volume 11, Elsevier. Amsterdam [u.a.] ,2017.

[OPP03] Oppermann, Martin: Prozesskostenoptimierung. In: Wilfried Sauer (Hg.): Prozesstechnologie der Elektronik, Hanser. München ,2003.

[OPT18] optical control GmbH & Co. KG: Datenblatt OC-SCAN CCX.3 ,Weißenohe ,2018.

[PAN16] Panetta, Kasey: Gartner's Top 10 Strategic Technology Trends for 2017.Gartner Inc. Online verfügbar unter https://www.gartner.com/smarterwithgartner/gartners-top-10-technology-trends-2017/, zuletzt geprüft am 18.07.2021 ,2016.

[PAN17] Panetta, Kasey: Gartner Top 10 Strategic Technology Trends for 2018.Gartner Inc. Online verfügbar unter https://www.gartner.com/smarterwithgartner/gartner-top-10-strategic-technology-trends-for-2018/, zuletzt aktualisiert am 18.07.2021 ,2017.

[PAN18] Panetta, Kasey: Gartner Top 10 Strategic Technology Trends for 2019.Gartner Inc. Online verfügbar unter https://www.gartner.com/smarterwithgartner/gartner-top-10-strategic-technology-trends-for-2019/, zuletzt geprüft am 18.07.2021 ,2018.

[PAN19] Panetta, Kasey: Gartner Top 10 Strategic Technology Trends for 2020.Gartner Inc. Online verfügbar unter https://www.gartner.com/smarterwithgartner/gartner-top-10-strategic-technology-trends-for-2020, zuletzt geprüft am 18.07.2021 ,2019.

[PFE09] Pfeffer, Michael; Reinhardt, Andreas: Auswahlleitfaden für Montagelösungen in der Leistungselektronik. In: Klaus Feldmann (Hg.): Montage in der Leistungselektronik für globale Märkte, Springer. Berlin, Heidelberg ,2009.

[RAB15] Rabe, Markus; Clausen, Uwe (Hg.): Simulation in production und logistics 2015.[16. ASIM Fachtagung Simulation in Produktion und Logistik, Dortmund, 23. - 25. September 2015 ; Tagungband].Gesellschaft für Informatik; ASIM-Fachtagung Simulation in Produktion und Logistik; ASIM Conference on Simulation in Produktion and Logistics; ASIM SPL (ASIM-Mitteilung, 157) ,Fraunhofer Verl. ,Stuttgart ,2015.

[REI17] Reinhart, Gunther (Hg.): Handbuch Industrie 4.0.Geschäftsmodelle, Prozesse, Technik ,Hanser ,München ,2017.

[ROL15] Roland Berger Strategy Consultants; Bundesverband der Deutschen Industrie e.V. (BDI) (Hg.): DIE DIGITALE TRANSFORMATION DER INDUSTRIE.Was sie bedeutet. Wer gewinnt. Was jetzt zu tun ist. ,Berlin ,2015.

[RÖS11] Rösch, Michael: Potenziale und Strategien zur Optimierung des Schablonendruckprozesses in der Elektronikproduktion.Zugl.: Erlangen-Nürnberg, Univ., Diss., 2011 (Bericht aus dem Lehrstuhl für Fertigungsautomatisierung und Produktionssystematik, 221) ,Meisenbach ,Bamberg ,2011.

[ROS15] Rosen, Roland; Wichert, Georg von; Lo, George; Bettenhausen, Kurt D.: About The Importance of Autonomy and Digital Twins for the Future of Manufacturing. In: IFAC PapersOnLine 48-3, Elsevier. Amsterdam [u.a.] ,2015.

[SAU03] Sauer, Wilfried (Hg.): Prozesstechnologie der Elektronik.Modellierung, Simulation und Optimierung der Fertigung ,Hanser ,München ,2003.

[SCH17] Schleich, Benjamin; Anwer, Nabil; Mathieu, Luc; Wartzack, Sandro: Shaping the digital twin for design and production engineering. In: CIRP (Hg.): CIRP Annals- Manufacturing Technology ,Volume 66, Issue 1, Elsevier. Amsterdam [u.a.] ,2017.

[SCH19] Schützer, Klaus; Bertazzi, Júlia de Andrade; Sallati, Carolina; Anderl, Reiner; Zancul, Eduardo: Contribution to the development of a Digital Twin based on product lifecycle to support the manufacturing process. In: CIRP (Hg.): Procedia CIRP ,Volume 84, Elsevier. Amsterdam [u.a.] ,2019.

[SCH99a] Schütt, Joachim: Aufbauvarianten elektronischer Baugruppen. In: Wolfgang Scheel und Hans-Joachim Hanke (Hg.): Montage ,/ Hrsg.: Hans-Joachim Hanke, Verl. Technik. Berlin ,1999.

[SCH99b] Schiebel, Günther: Bestückung elektronischer Baugruppen. In: Wolfgang Scheel und Hans-Joachim Hanke (Hg.): Montage ,/ Hrsg.: Hans-Joachim Hanke, Verl. Technik. Berlin ,1999.

[SCH99c] Scheel, Wolfgang; Hanke, Hans-Joachim (Hg.): Montage. 2., aktual. und erw. Aufl. (Baugruppentechnologie der Elektronik, / Hrsg.: Hans-Joachim Hanke) ,Verl. Technik ,Berlin ,1999.

[SCI17] Science Direct: Procedia Manufacturing (Volume 11) ,Elsevier ,Amsterdam [u.a.] ,2017.

[SCI20a] Science Direct: Procedia Manufacturing (Volume 42) ,Elsevier ,Amsterdam [u.a.] ,2020.

[SCI20b] Science Direct: Automation in Construction (Volume 114) ,Elsevier ,Amsterdam [u.a.] ,2020.

[SCI20c] Science Direct: Journal of Manufacturing Systems (Volume 54) ,Elsevier ,Amsterdam [u.a.] ,2020.

[SHA10] Shafto, Mike; et al: Draft Modeling, Simulation, Informationtechnology & Processing.Roadmap Technology Area 11 ,2010.

[SHA20] Shao, Guodong; et al: DIGITAL TWIN FOR SMART MANUFACTURING: THE SIMULATION ASPECT. In: IEEE Xplore 2019 Winter Simulation Conference (WSC) ,2020.

[SIE00] Siemens AG: SIPLACE S-23 HM Betriebsanleitung. 02/2000 ,München ,2000.

[SIE01a] Siemens AG: SIPLACE F5/F5 HM Betriebsanleitung. 01/2001 ,München ,2001.

[SIE01b] Siemens AG: SIPLACE 80 S-20/F4 Betriebsanleitung. 01/2001 ,München ,2001.

[SIE06] Siemens AG: SIPLACE HS-50 Betriebsanleitung. 01/2006 ,München ,2006.

[SIE08] Siebers, Peer-Olaf; Aickelin, Uwe: Introduction to Multi-Agent Simulation. In: Frederic Adam und Patrick Humphreys (Hg.): Encyclopedia of Decision Making and Decision Support Technologies, IGI Global. Hershey ,2008.

[SIH16] Sihn, Wilfried; Sunk, Alexander; Nemeth, Tanja; Kuhlang, Peter; Matyas, Kurt: Produktion und Qualität.Organisation, Management, Prozesse (Praxisreihe Qualitätswissen) ,Hanser ,München ,2016.

[SPR18a] Springer: HMD Praxis der Wirtschaftsinformatik (Volume 55) ,Springer ,Berlin [u.a.] ,2018.

[SPR18b] Springer: The International Journal of Advanced Manufacturing Technology (Volume 92) ,Springer ,Berlin [u.a.] ,2018.

[SPR20] Springer: Journal of Intelligent Manufacturing (Volume 31) ,Springer ,Berlin [u.a.] ,2020.

[STE15] Steiger, Markus: Multiagentensysteme zur Simulation von Konsumentenverhalten.Dissertation (Geographische Handelsforschung, 26) ,2015.

[STJ19] Stjepandic, Josip; Wognum, Nel; J. C. Verhagen, Wim. (Hg.): Systems Engineering in Research and Industrial Practice.Foundations, Developments and Challenges ,2019.

[SUP18] Superdry Totech EU: Allgemeine Leistungsdaten ,Zwolle, Niederlande ,2018.

[TAL17] Talkhestani, Behrang Ashtari; et al: Synchronisierung von digitalen Modellen mit realen Fertigungszellen auf Basis einer Ankerpunktmethode am Beispiel der Automobilindustrie.Automation 2017 27.-28.06.2017 Baden-Baden, ,2017.

[TAO18] Tao, Fei; Cheng, Jiangfeng; Qi, Qinglin; Zhang, Meng; Zhang, He; Sui, Fangyuan: Digital twin-driven product design, manufacturing and service with big data. In: The International Journal of Advanced Manufacturing Technology ,Volume 92, Springer. Berlin [u.a.] ,2018.

[TAO19] Tao, Fei; et al: Digital Twin in Industry: State-of-the-Art. In: IEEE Transactions on Industrial Informatics ,Vol. 15, No.4 ,2019.

[TOM88] Tomayko, James E.: Computers in Spaceflight: The NASA Experience.NASA. Online verfügbar unter https://history.nasa.gov/computers/contents.html, zuletzt geprüft am 18.07.2021 ,1988.

[ÜNA20] Ünal-Saewe, Talu; Vedder, Christian; Vervoort, Simon; Schleifenbaum, Johannes Henrich: Digitaler Zwilling im Produktlebenszyklus additiv gefertigter Komponenten. In: Walter Frenz (Hg.): Handbuch Industrie 4.0: Recht, Technik, Gesellschaft, Springer. Berlin ,2020.

[VAN20] van der Valk, Hendrik; et al: A Taxonomy of Digital Twins ,26th Americas Conference on Information Systems (AMCIS) ,Salt Lake City ,2020.

[VDI04] VDI-Richtlinie 4400 Blatt 2: Logistikkennzahlen für die Produktion.VDI Verein Deutscher Ingenieure e.V., 2004.

[VDI08] VDI-RICHTLINIEN VDI 4499 Blatt 1: Digitale Fabrik.VDI Verein Deutscher Ingenieure e.V., Februar 2008.

[VDI14] VDI-RICHTLINIEN VDI 3633 Blatt 1: Simulation von Logistik-, Materialflussund Produktionssystemen Grundlagen.VDI Verein Deutscher Ingenieure e.V., 2014.

[VDM09] VDMA-Einheitsblatt VDMA 66412-1: Manufacturing Execution Systems (MES) Kennzahlen.VDMA, Oktober 2009.

[WEI19] Weigelt, Michael; et al: Digital Twin of the Linear Winding Process Based on Explicit Finite Element Method. In: IEEE Xplore 2019 9th International Electric Drives Production Conference (EDPC) ,2019.

[WES06] Westkämper, Engelbert; Decker, Markus: Einführung in die Organisation der Produktion (Springer-Lehrbuch) ,Springer ,Berlin ,2006.

[WES09a] Westkämper, Engelbert; Zahn, Erich (Hg.): Wandlungsfähige Produktionsunternehmen.Das Stuttgarter Unternehmensmodell ,Springer-Verlag ,Berlin, Heidelberg ,2009.

[WES09b] Westkämper, Engelbert; Hummel, Vera: Grundlagen des Stuttgarter Unternehmensmodells. In: Engelbert Westkämper und Erich Zahn (Hg.): Wandlungsfähige Produktionsunternehmen, Springer-Verlag. Berlin, Heidelberg ,2009.

Eigene Publikationen

Hofmann, C.; Praß, J.; Uhlemann, T.; Franke, J.: “Improving the energy efficiency of industrial drying processes: a computational fluid dynamics approach”. 16th Global Conference on Sustainable Manufacturing, Procedia Manufacturing Volume 33, Lexington, USA, 2019.

Küfner, T.; Uhlemann, T.; Ziegler, B.: „Lean Data in Manufacturing Systems: Using Artificial Intelligence for Decentralized Data Reduction and Information Extraction”. 51th Conference on Manufacturing Systems, Procedia CIRP 72, Stockholm, Sweden, 2018.

Uhlemann, T. (Mitautor) et al.: “Strategien und Methoden der Ressourceneffizienten Produktion“. Hrsg.: Prof. Dr.-Ing. Gunther Reinhart, Prof. Dr.-Ing. Rolf Steinhilper; Fraunhofer Verlag, Stuttgart, 2017.

Lehmann, C.; Schock, C.; Uhlemann, T.; Küfner, T.: „Requirements for Blockchain Applications in Small and Medium sized Enterprises”. 24th International Conference on Production Research, Poznan, Poland, 2017.

Uhlemann, T.; Lehmann, C.; Steinhilper, R.: „The Digital Twin: Realizing the Cyber-Physical Production System for Industry 4.0”. 24th CIRP Conference on Life Cycle Engineering, Procedia CIRP 61, Kamakura, Japan, 2017.

Uhlemann, T.; Schock C.; Lehmann, C.; Freiberger, S.; Steinhilper, R.: “The Digital Twin: Demonstrating the potential of real time data acquisition in production systems”. 7th Conference on Learning Factories (CLF), Procedia Manufacturing 9, Darmstadt, Germany, 2017.

Kruse, A; Uhlemann, T.; Steinhilper, R.: "Simulation-based assessment and optimization of the energy consumption in multi variant production". 13th Global Conference on Sustainable Manufacturing (GCSM), Procedia CIRP 40, Ho Chi Minh City, Vietnam, 2016.

Kübler, F; Uhlemann,T.; Steinhilper, R.; Dill, J.: "Energy Efficiency and Productivity Optimization of Industrial Cleaning Equipment-Energy Efficiency in Strategy of Sustainable Production". Trans Tech Publications Ltd., Pfaffikon, Switzerland, 2015.

Flores, O.; Uhlemann, T.; Prette, A.; Krenkel, W.; Motz, G. :„Processing and characterization of large diameter ceramic SiCN fibres from commercial oligosilazanes”. RSC Advances 5, 107001-107011, Royal Society of Chemistry, London, United Kingdom, 2015.

Fischerauer, A.; Oette, C.; Uhlemann, T.; Würthheim, M.; Fischerauer, G.: „Planare Mikro-sensoren zur ortsaufgelösten Analyse von Gewebe und Flüssigkeiten“. IEEE Workshop Medizinische Messtechnik, Mühlheim an der Ruhr, 2013.

13 Anhang

13.1 Anhang 1: Histogramme der Versuchsreihen

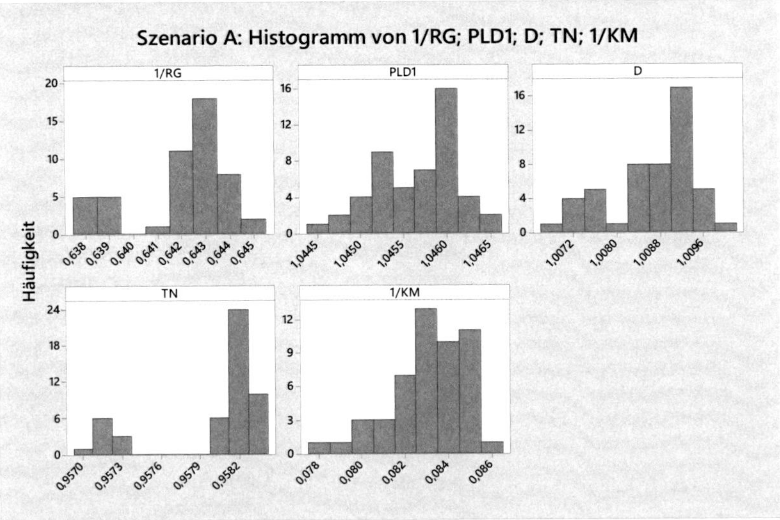

Abbildung 88: Szenario A: Histogramme der Kennzahlen der Experimente (n=50); (RG: Rüstgrad; PLD1: mittlerer Durchführungszeitanteil; D: Durchsatz; TN: technischer Nutzgrad; KM: Kennzahl für Mengenabweichungen; KZV: Kennzahl für den zeitlichen Verzug)

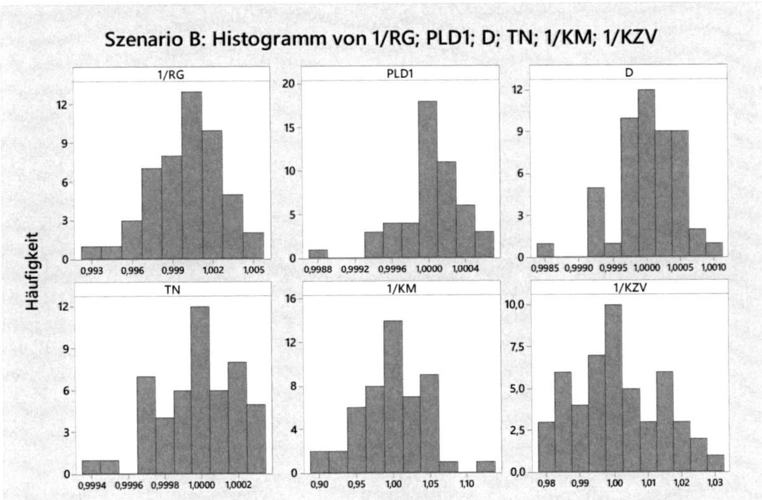

Abbildung 89: Szenario B: Histogramme der Kennzahlen der Experimente (n=50); (RG: Rüstgrad; PLD1: mittlerer Durchführungszeitanteil; D: Durchsatz; TN: technischer Nutzgrad; KM: Kennzahl für Mengenabweichungen; KZV: Kennzahl für den zeitlichen Verzug)

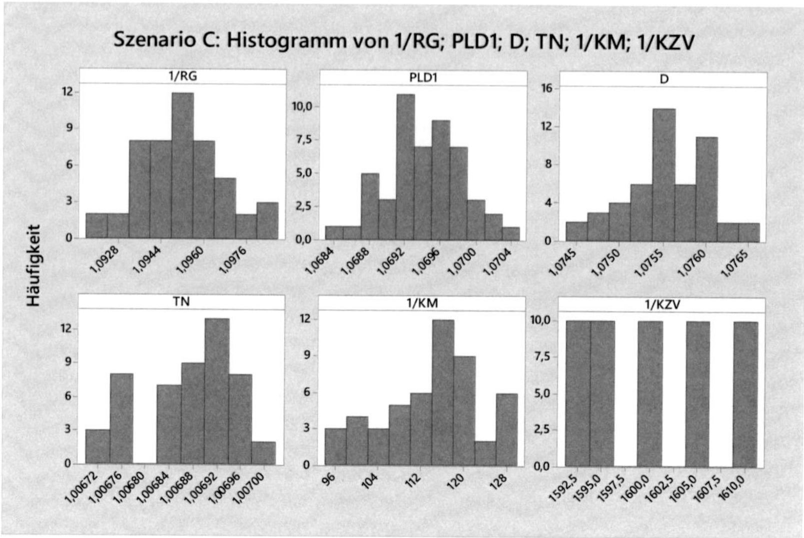

Abbildung 90: Szenario C: Histogramme der Kennzahlen der Experimente (n=50); (RG: Rüstgrad; PLD1: mittlerer Durchführungszeitanteil; D: Durchsatz; TN: technischer Nutzgrad; KM: Kennzahl für Mengenabweichungen; KZV: Kennzahl für den zeitlichen Verzug)

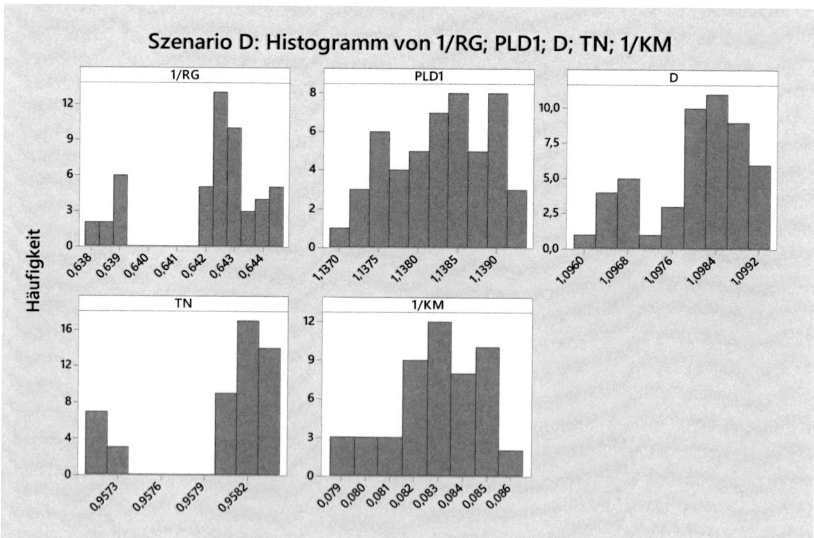

Abbildung 91: Szenario D: Histogramme der Kennzahlen der Experimente (n=50); (RG: Rüstgrad; PLD1: mittlerer Durchführungszeitanteil; D: Durchsatz; TN: technischer Nutzgrad; KM: Kennzahl für Mengenabweichungen; KZV: Kennzahl für den zeitlichen Verzug)

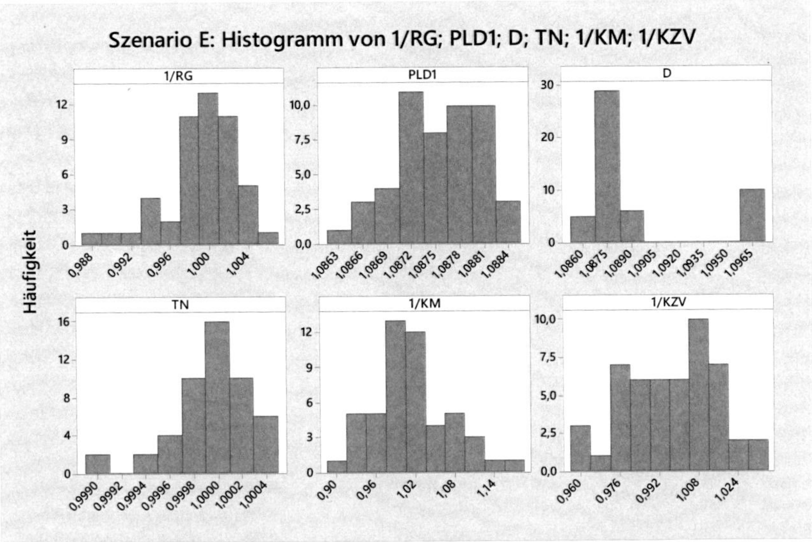

Abbildung 92: Szenario E: Histogramme der Kennzahlen der Experimente (n=50); (RG: Rüstgrad; PLD1: mittlerer Durchführungszeitanteil; D: Durchsatz; TN: technischer Nutzgrad; KM: Kennzahl für Mengenabweichungen; KZV: Kennzahl für den zeitlichen Verzug)

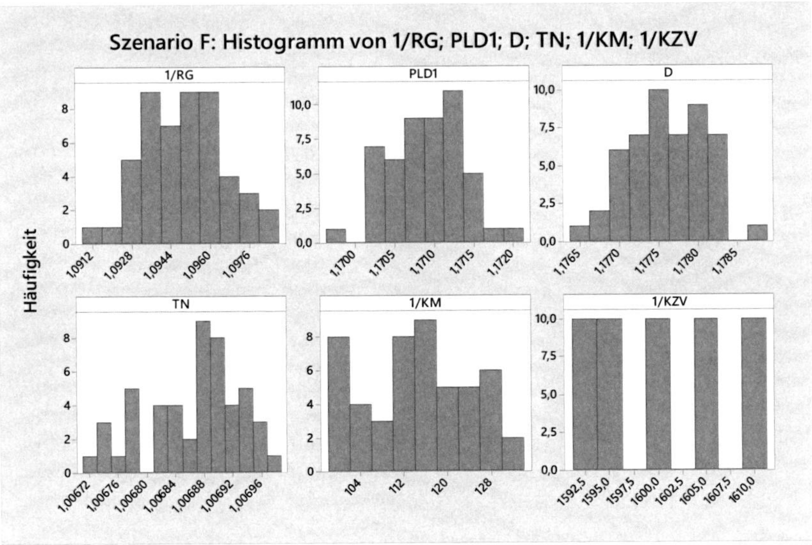

Abbildung 93: Szenario F: Histogramme der Kennzahlen der Experimente (n=50); (RG: Rüstgrad; PLD1: mittlerer Durchführungszeitanteil; D: Durchsatz; TN: technischer Nutzgrad; KM: Kennzahl für Mengenabweichungen; KZV: Kennzahl für den zeitlichen Verzug)

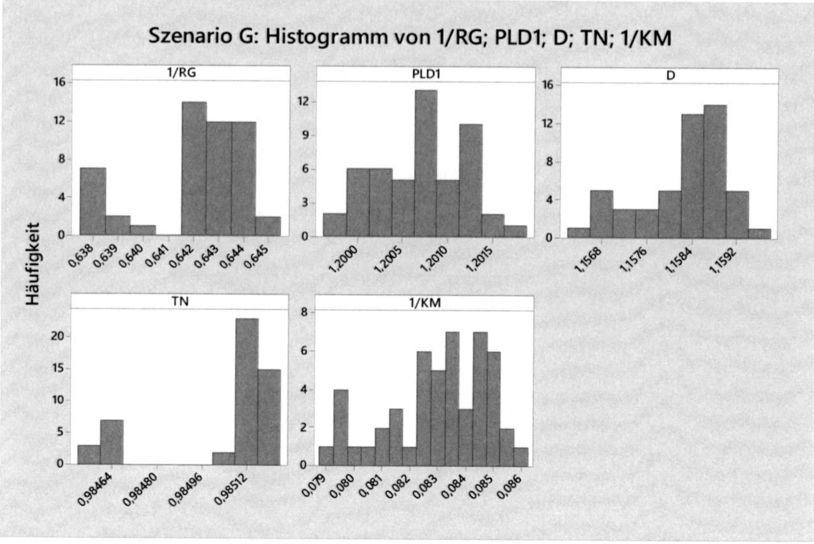

Abbildung 94: Szenario G: Histogramme der Kennzahlen der Experimente (n=50); (RG: Rüstgrad; PLD1: mittlerer Durchführungszeitanteil; D: Durchsatz; TN: technischer Nutzgrad; KM: Kennzahl für Mengenabweichungen; KZV: Kennzahl für den zeitlichen Verzug)

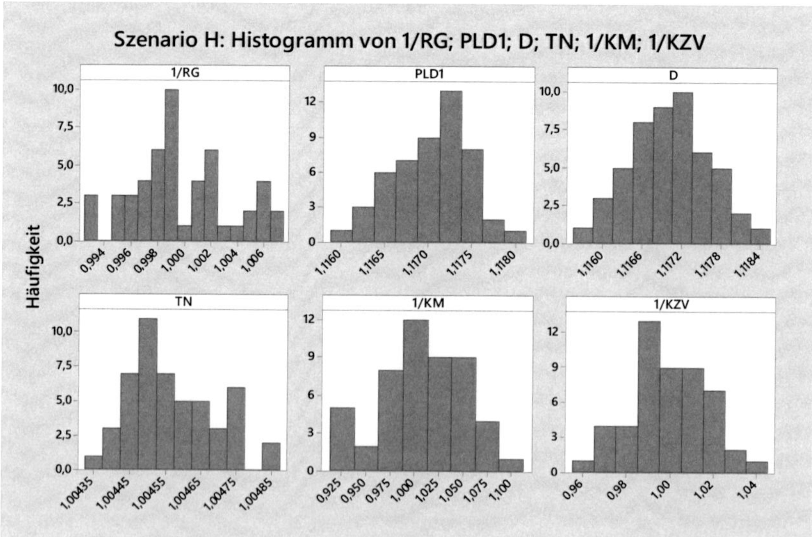

Abbildung 95: Szenario H: Histogramme der Kennzahlen der Experimente (n=50); (RG: Rüstgrad; PLD1: mittlerer Durchführungszeitanteil; D: Durchsatz; TN: technischer Nutzgrad; KM: Kennzahl für Mengenabweichungen; KZV: Kennzahl für den zeitlichen Verzug)

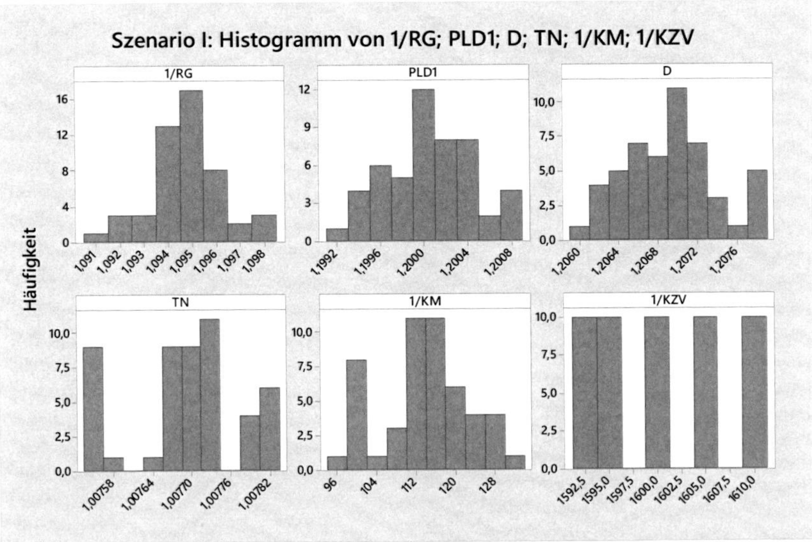

Abbildung 96: Szenario I: Histogramme der Kennzahlen der Experimente (n=50); (RG: Rüstgrad; PLD1: mittlerer Durchführungszeitanteil; D: Durchsatz; TN: technischer Nutzgrad; KM: Kennzahl für Mengenabweichungen; KZV: Kennzahl für den zeitlichen Verzug)

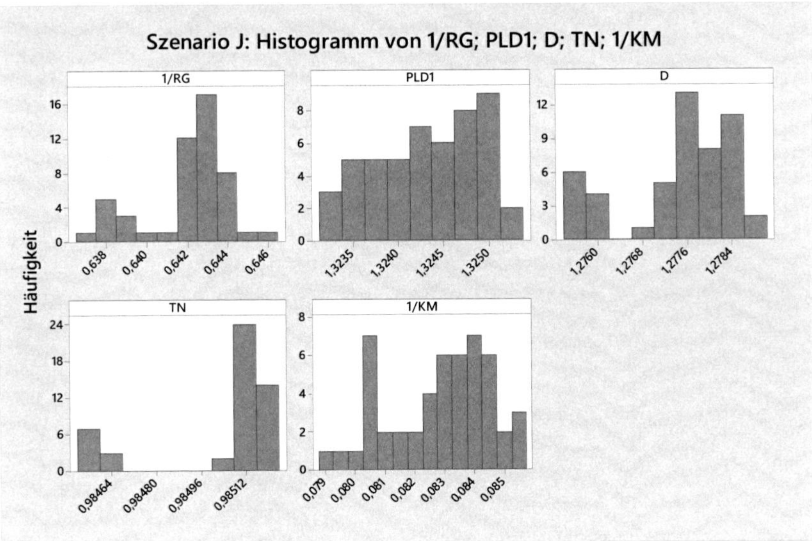

Abbildung 97: Szenario J: Histogramme der Kennzahlen der Experimente (n=50); (RG: Rüstgrad; PLD1: mittlerer Durchführungszeitanteil; D: Durchsatz; TN: technischer Nutzgrad; KM: Kennzahl für Mengenabweichungen; KZV: Kennzahl für den zeitlichen Verzug)

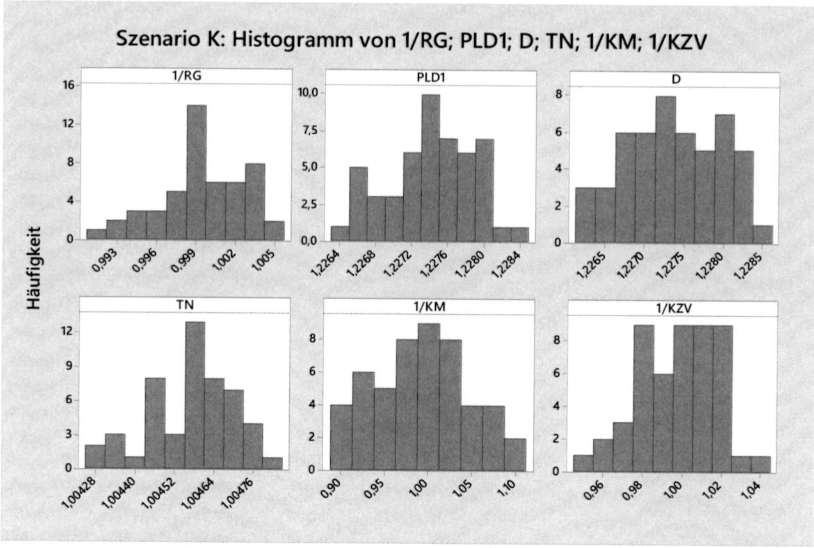

Abbildung 98: Szenario K: Histogramme der Kennzahlen der Experimente (n=50); (RG: Rüstgrad; PLD1: mittlerer Durchführungszeitanteil; D: Durchsatz; TN: technischer Nutzgrad; KM: Kennzahl für Mengenabweichungen; KZV: Kennzahl für den zeitlichen Verzug)

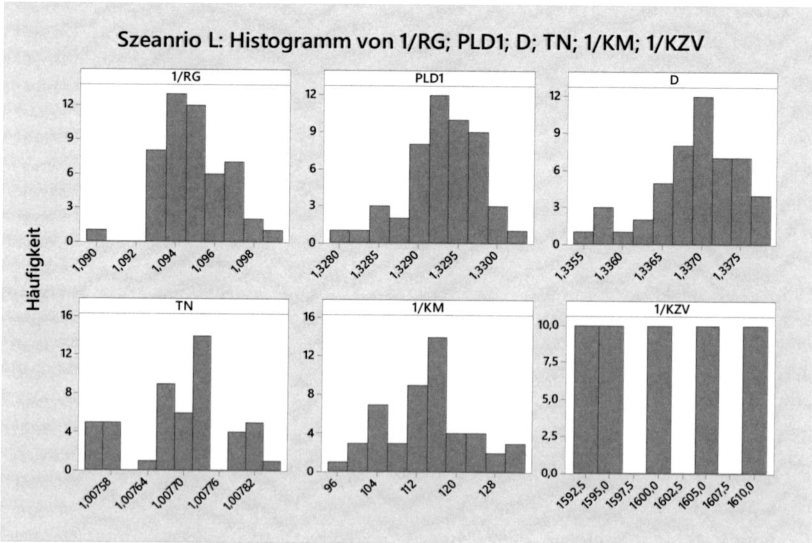

Abbildung 99: Szenario L: Histogramme der Kennzahlen der Experimente (n=50); (RG: Rüstgrad; PLD1: mittlerer Durchführungszeitanteil; D: Durchsatz; TN: technischer Nutzgrad; KM: Kennzahl für Mengenabweichungen; KZV: Kennzahl für den zeitlichen Verzug)

13.2 Anhang 2: Wechselwirkungsdiagramme der Kennzahlen

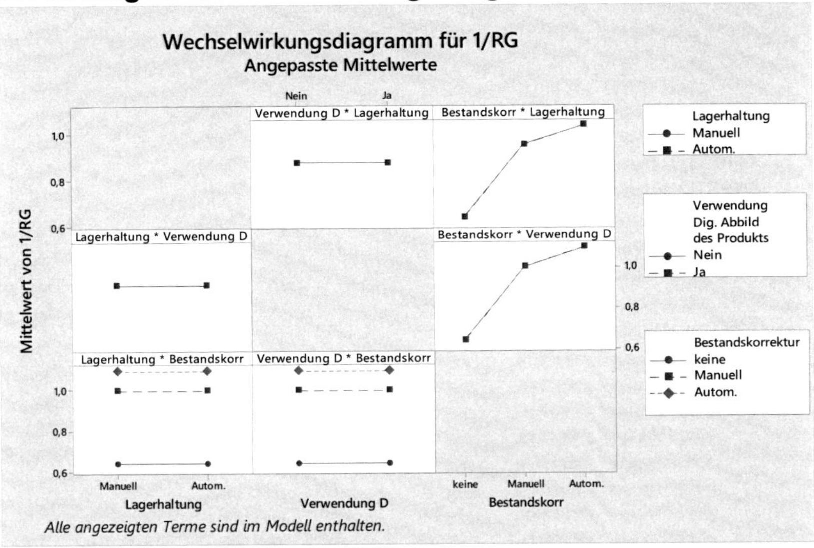

Abbildung 100: Wechselwirkungsdiagramm 1/RG (n =600); (RG: Rüstgrad)

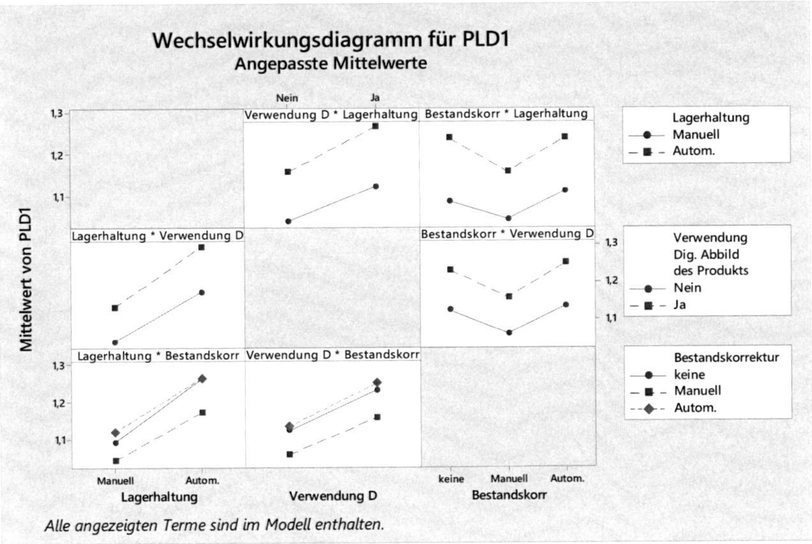

Abbildung 101: Wechselwirkungsdiagramm PLD1 (n =600); (PLD1: mittlerer Durchführungszeitanteil)

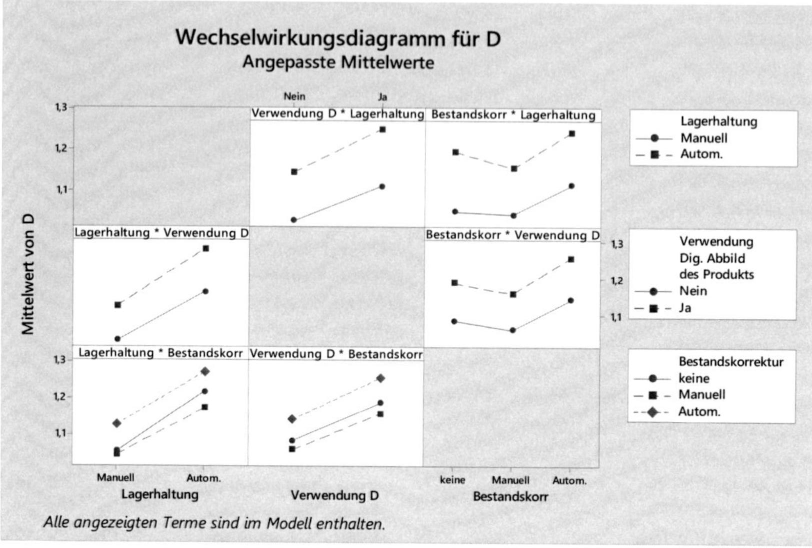

Abbildung 102: Wechselwirkungsdiagramm D (n =600); (D: Durchsatz)

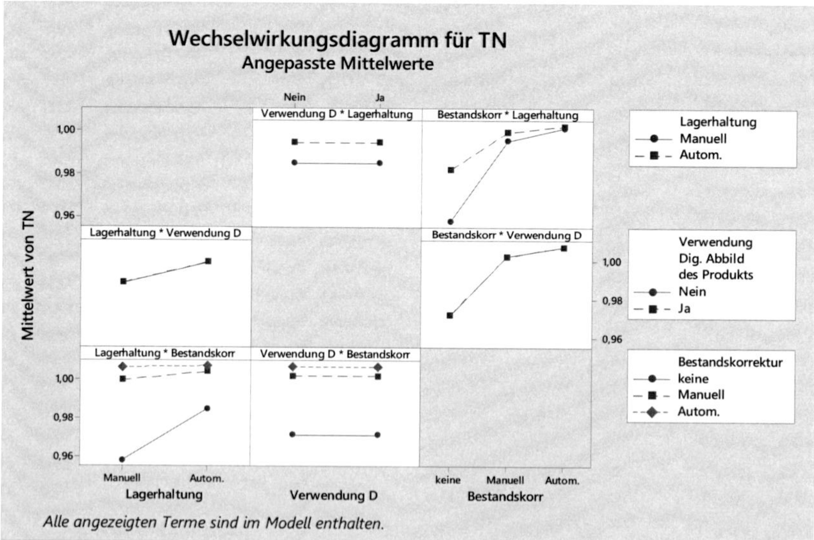

Abbildung 103: Wechselwirkungsdiagramm TN (n =600); (TN: technischer Nutzgrad)

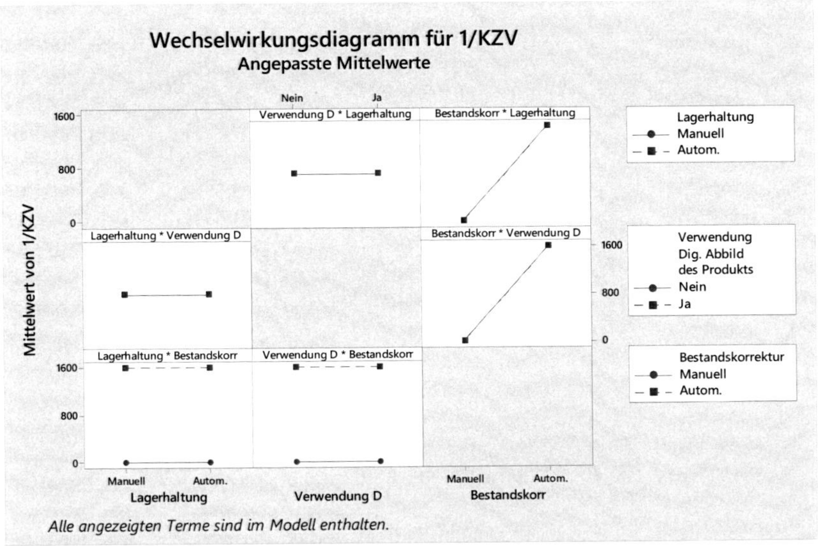

Abbildung 104: Wechselwirkungsdiagramm 1/KZV (n =600); (KZV: Kennzahl für den zeitlichen Verzug)

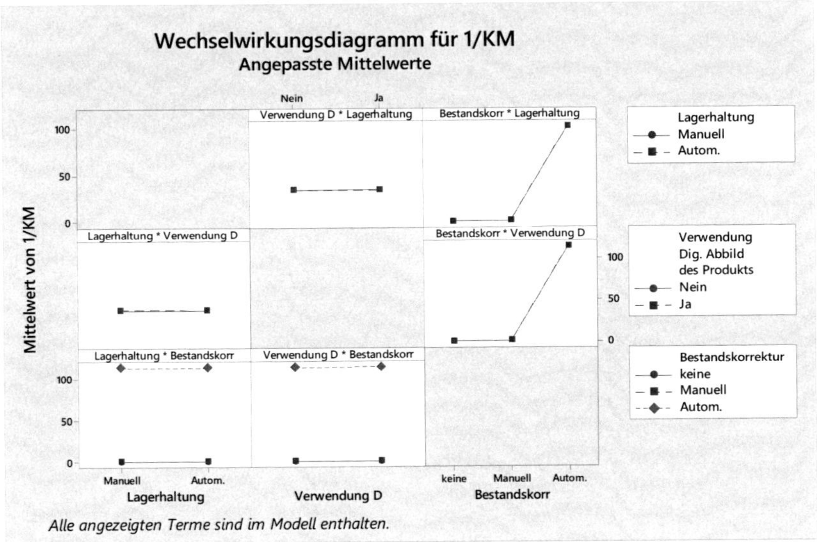

Abbildung 105: Wechselwirkungsdiagramm 1/KM (n =600); (KM: Kennzahl für Mengenabweichungen)

MIX
Papier | Fördert gute Waldnutzung
FSC® C083411

Zeitfracht Medien GmbH
Ferdinand-Jühlke-Straße 7
99095 Erfurt, Deutschland
produktsicherheit@kolibri360.de